Prof. Trupti Dodiya
Dr. G. D. Patel
V. M. Savaliya

# Cultura intercalar de flores anuais em Jasminum sambac L

AF301685

Prof. Trupti Dodiya
Dr. G. D. Patel
V. M. Savaliya

# Cultura intercalar de flores anuais em Jasminum sambac L

## Cultura intercalar de flores anuais

ScienciaScripts

**Imprint**

Any brand names and product names mentioned in this book are subject to trademark, brand or patent protection and are trademarks or registered trademarks of their respective holders. The use of brand names, product names, common names, trade names, product descriptions etc. even without a particular marking in this work is in no way to be construed to mean that such names may be regarded as unrestricted in respect of trademark and brand protection legislation and could thus be used by anyone.

Cover image: www.ingimage.com

This book is a translation from the original published under ISBN 978-620-4-98571-8.

Publisher:
Sciencia Scripts
is a trademark of
Dodo Books Indian Ocean Ltd. and OmniScriptum S.R.L publishing group

120 High Road, East Finchley, London, N2 9ED, United Kingdom
Str. Armeneasca 28/1, office 1, Chisinau MD-2012, Republic of Moldova, Europe
Printed at: see last page
ISBN: 978-620-7-92454-7

Copyright © Prof. Trupti Dodiya, Dr. G. D. Patel, V. M. Savaliya
Copyright © 2024 Dodo Books Indian Ocean Ltd. and OmniScriptum S.R.L publishing group

# Conteúdo

RESUMO

O presente estudo, intitulado **"Intercropping of annual flowers in *Jasminum sambac* L."**, foi efectuado na Floriculture Research Farm, ASPEE College of Horticulture and Forestry, Navsari Agricultural University, Navsari, durante o ano de 2014-15, para estudar as culturas intercalares adequadas ao jasmim. As culturas intercalares cultivadas foram a calêndula africana, a calêndula francesa e a Gaillardia.

A experiência foi organizada num esquema de blocos aleatórios com dez tratamentos, *a saber* $T_1$ = Jasmim + calêndula africana (1:1), $T_2$ = Jasmim + calêndula africana (1:2), T3 = Jasmim + calêndula francesa (1:1), T4 = Jasmim + calêndula francesa (1:2), T5 = Jasmim + Gaillardia (1:1), T6 = Jasmim + Gaillardia (1:2), T7 = Jasmim solitário; T8 = Calêndula africana solitária, T9 = Calêndula francesa solitária; $T_{10}$ = Gaillardia solitária.

Os resultados sobre o efeito das culturas intercalares nos parâmetros vegetativos do jasmim foram significativamente máximos sob o jasmim solteiro durante ambas as épocas de culturas intercalares. A temperatura da folha e a PAR (radiação fotossinteticamente ativa) do jasmim não foram significativas durante a primeira época de culturas intercalares, ao passo que se registou um efeito significativo com diferentes culturas intercalares durante a segunda época de culturas intercalares. O diâmetro e o comprimento máximos dos botões foram registados no jasmim cultivado em consórcio, embora não tenham sido significativos. No caso do rendimento, o maior rendimento foi obtido a partir de jasmim simples (2,80 t/ha) e o menor foi registado em Jasmim + Gaillardia 1:2 (2,10 t/ha).

Os sistemas de cultura intercalar também tiveram uma influência profunda nas diferentes culturas intercalares. Com base no teste t, durante a primeira época de culturas intercalares, todos os parâmetros de crescimento e rendimento da calêndula africana, calêndula francesa e Gaillardia foram considerados não significativos, exceto a duração da cultura, enquanto que durante a segunda época de culturas intercalares, todos os parâmetros das culturas intercalares também não foram considerados significativos em comparação com a cultura única e a relação de plantação 1:1 das culturas intercalares correspondentes. Mas todos os parâmetros de crescimento e rendimento foram significativamente alterados em comparação com a proporção de plantação 1:2 com cultivo único, bem como a proporção de plantação 1:1 das culturas intercalares correspondentes.

O maior rendimento equivalente de jasmim (9,67 t/ha) foi registado no tratamento T4 (jasmim + calêndula francesa 1:2). No entanto, o mais baixo (2,80 t/ha) foi obtido no tratamento T7 (Jasmim só).

Tendo em conta o LER, foi registado um valor significativamente mais elevado na cultura intercalar de jasmim + calêndula 1:2 (1,47), enquanto o valor mais baixo (1,0) foi registado na cultura exclusiva de jasmim. Isto mostra a rentabilidade da cultura intercalar em relação à cultura única.

Do ponto de vista económico, o maior rendimento líquido por hectare foi registado em Jasmim + calêndula 1:2 (Rs. 461460.53/ha) seguido de Jasmim + calêndula africana 1:2 (Rs. 454066.12/ha) enquanto que o menor foi registado em cultura única de Jasmim (Rs. 131464.97/ha). A BCR máxima (2,46) foi registada em jasmim + calêndula africana 1:1, seguida de jasmim + calêndula africana 1:1 (2,28), jasmim + calêndula africana 1:2 e jasmim + calêndula africana 1:2. O BCR de Jasmim + Gaillardia (1:1) e Jasmim + Gaillardia (1:2) foi inferior ao do jasmim isolado.

Em termos de desempenho com base no JEY (Jasmine Equivalent Yield), no Land Equivalent Ratio (LER) e na rentabilidade, verificou-se que o jasmim + calêndula francesa (1:2) foi a melhor cultura intercalar durante o primeiro ano de plantação. A rentabilidade da calêndula francesa pode ser atribuída à sua qualidade em combinação com o preço de mercado das flores.

# Reconhecimento

*Poucas linhas não serão suficientes para exprimir o sentimento de gratidão para com todos aqueles cuja ajuda foi indispensável para a realização do presente estudo. Sinto-me grato a todos aqueles cuja ajuda e cooperação abriram caminho para alcançar esta satisfação.*

*Tenho o prazer de transmitir o meu mais profundo sentimento de incessante e humilde gratidão ao meu orientador principal, **o Dr. G. D. Patel**, Professor Assistente da Faculdade de Horticultura e Silvicultura da ASPEE, Universidade Agrícola de Navsari, Navsari, pela sua orientação liberal, sugestões inestimáveis e ajuda sempre disponível ao longo dos meus estudos de pós-graduação e trabalho de investigação. Estou-lhe igualmente grato por ter poupado o seu precioso tempo em todos os aspectos durante todo este curso de estudo. O seu acompanhamento constante e os seus conselhos tornaram este estudo apresentável.*

*Estou especialmente grato ao meu orientador menor, **Dr. N. K. Patel,** Professor Assistente, Departamento de Ciências Vegetais, e a outros membros do comité consultivo, **Dr. S. L. Chawla**, Professor Associado, Departamento de Floricultura e Arquitetura Paisagística, **Dr. Dipal S. Bhatt**, Professor Assistente, Departamento de Floricultura e Arquitetura Paisagística e **Prof. H. N. Chhatrola**, Professor Assistente, Departamento de Estatística Agrícola, ASPEE College of Horticulture and Forestry, Navsari, pelas suas valiosas sugestões e orientação não estimada na realização cuidadosa do meu trabalho de investigação.*

*Estou muito grato ao **Dr. C. J. Dangariya**, Honorável Vice-Chanceler da Universidade Agrícola de Navsari, ao **Dr. A. N. Sabalpara**, Diretor de Investigação da Universidade Agrícola de Navsari, e ao **Dr. B. N. Patel**, Diretor da Faculdade de Horticultura e Silvicultura da ASPEE, Navsari, por ter proporcionado as facilidades necessárias durante os meus estudos de pós-graduação.*

*Com uma nota de agradecimento, gostaria de agradecer à Dra. Alka Singh, ao Dr. S. T. Bhatt, ao Sr. R. B. Patel, ao Sr. H. P. Shah, ao Sr. M. A. Patel e a outros membros do pessoal do departamento de Floricultura, da Faculdade de Horticultura ASPEE, aos membros do pessoal da Biblioteca Central, N.A. U., Navsari, por me terem fornecido a literatura necessária para a minha investigação.*

*O meu reconhecimento nunca estará completo sem os meus mais sinceros agradecimentos aos meus amigos Parth, Sree Devi, Bijal, Jharna, Kajal, Apeksha, Riddhi, Varsha, Vaishali, Buntibhai, Dhruvbhai e Utsav pelo seu apoio, companhia alegre e que estiveram sempre prontos a ajudar-me em qualquer altura durante o meu trabalho de investigação.*

*Estou muito grato a Hiral di e ao Prof. G. V. Savani pelo seu apoio e inspiração constante.*

*Expresso o meu profundo agradecimento e respeito à minha família, especialmente ao meu pai, **Shree Pareshbhai Dodiya**, à minha mãe, **Smt. Kailasben Dodiya**, ao meu tio, **Shree Sureshbhai Dodiya** e à minha tia, **Smt. Jyotiben Dodiya**, que estiveram sempre presentes nos meus êxitos e nos meus fracassos, que me ajudaram em todos os caminhos da minha vida e me permitiram estudar até aqui. Também estendo a minha sincera gratidão às minhas queridas irmãs Rupal e Uma e aos irmãos Ajay, Hari e Janak.*

*Acima de tudo, ofereço a minha sincera devoção ao "Todo-Poderoso" pelas suas bênçãos sagradas e por todas as coisas boas que me concedeu.*

**Local: Navsari**

**Data:** */maio/2016*                                                        *(Dodiya Trupti P.)*

# 1 INTRODUÇÃO

Devido à ligação impecável entre as flores e os seres humanos, a floricultura emergiu como um comércio lucrativo em todo o mundo, com mais de 200 países envolvidos no comércio. As principais zonas de produção de flores situam-se nos Países Baixos, nos EUA, na Europa, no Quénia e no Equador. A floricultura comercial na Índia é identificada como uma indústria nascente. O nosso país é abençoado com diferentes condições agro-climáticas, que favorecem a produção económica de flores soltas como a calêndula, o jasmim, a rosa do campo, a gaillardia, o lírio-aranha, a áster da China, a crossandra, *etc*. Na Índia, as flores ocupam uma superfície de 2 55 000 hectares (ha), com uma produção de 17 54 000 toneladas de flores soltas e de 543 lakh de flores de corte por ano. Gujarat estabeleceu-se como um dos principais parceiros no sector da floricultura, com cerca de 17 300 ha de área cultivada com flores. Aproximadamente 1.63.600 toneladas de flores soltas são produzidas anualmente (NHB, 2014).

O jasmim é uma das mais antigas e importantes plantas ornamentais com flor, amplamente cultivada pelas suas flores perfumadas. Pertence à família Oleaceae. O nome Jasmim deriva do nome persa antigo "yasmyn", que significa fragrância. O género *Jasminum* compreende 300 espécies que se encontram dispersas pelas zonas mais quentes da Europa, Ásia, África e região do Pacífico (Bhattacharjee, 1980). Cerca de 40 espécies são nativas da Índia. Destas, apenas três espécies de cor branca são maioritariamente cultivadas pelas suas flores lucrativas e para a produção de óleo de perfumaria. São elas *Jasminum sambac* L. (*Mogra*), *Jasminum grandiflorum* L. (*Chameli*) e *Jasminum auriculatum* Vahl. (*Juhi*). Diferentes espécies de jasmins são amplamente cultivadas em jardins como arbustos, plantas de espécime, plantas de vaso e trepadeiras.

Na Índia, o cultivo à escala comercial do jasmim é efectuado nos Estados de Tamil Nadu, Karnataka, Kerala, Gujarat, Andhra Pradesh e Maharashtra. O Tamil Nadu é o principal produtor de jasmim do país, seguido do Karnataka. É a principal flor solta cultivada em todo o país numa área de 12250 ha com uma produção anual de 65230 MT (NHB, 2014).

O jasmim-da-arábia ou jasmim-da-toscana (*J. sambac* L.), com um número cromossómico de 2n=39, é originário da Índia. É um pequeno arbusto ou videira que cresce até 0,5 a 3 m de altura com folhas quase sésseis com margens onduladas. Também é possível crescer como trepadeira curta. É muito cultivada pelas suas flores atraentes e docemente perfumadas. As flores são utilizadas para fazer grinaldas, adornar o cabelo das mulheres e em funções religiosas e cerimoniais. As flores de jasmim são muito apreciadas pela indústria dos perfumes devido à delicadeza e à doçura do seu odor. Dá suavidade e elegância às várias combinações de perfumes. A fragrância da flor de jasmim não pode ser imitada por nenhum dos produtos químicos aromáticos sintéticos conhecidos (Bhattacharjee, 1980). As flores são também utilizadas para fazer chá de jasmim. Para além disso, a planta tem muitas propriedades medicinais. São úteis como medicamento para o tratamento de diarreia, dores abdominais, conjuntivite e dermatite. É a flor nacional das Filipinas, onde é conhecida como *Sampaguita*.

Na Índia, *o Jasminum sambac* L. tem várias cultivares, nomeadamente, Motia, Mogra simples, Mogra dupla, Ramabanam, CO-1, CO-2, Surabhi, Local, Madanban e Baramasi. Entre estas variedades, a Baramasi ocupa um lugar único na cultura da *Mogra* em Gujrat. Os botões florais desta variedade são arrojados (2,46 cm) com um longo tubo de corola (95 mm). A produção média de flores é de 3,9 t/ha obtida a partir de uma planta com mais de 3 anos de idade e 200 dias de período de floração (Anon. 2011). *O Jasminum sambac* L. não produzirá flores em todas as estações e a floração completa demorará cerca de um ano. Assim, a cultura intercalar é a melhor alternativa para remunerar os agricultores durante todo o ano, no primeiro ano de plantação, na época da poda e mesmo durante o período de floração.

A cultura intercalar é o cultivo de duas ou mais culturas ao mesmo tempo no mesmo campo. Quando duas ou mais culturas com diferentes sistemas de enraizamento, um padrão diferente de necessidades de água e nutrientes e diferentes hábitos acima do solo são plantadas em conjunto, a água, os nutrientes e a luz solar são utilizados de forma mais eficiente. Por conseguinte, os rendimentos combinados das culturas cultivadas como culturas intercalares podem ser mais elevados do que o rendimento da mesma cultura cultivada em povoamento puro (solteiro). Estas vantagens podem ser especialmente importantes porque não são alcançadas por meio de factores de produção dispendiosos, mas pelo simples expediente de cultivar as culturas em conjunto (Willey, 1979). A cultura intercalar oferece um seguro contra o fracasso total da cultura. As leguminosas são culturas intercalares amplamente adoptadas por toda a comunidade agrícola. Mas algumas culturas anuais de flores, como a calêndula africana, a calêndula francesa, o crisântemo anual, a gaillardia, o áster da China, a gomphrena, *etc.*, são as mais proeminentes entre todas as culturas hortícolas anuais.

A calêndula pertence à família Asteraceae e é uma das flores anuais mais fáceis de cultivar, tendo uma grande adaptabilidade. As flores são atractivas, têm uma boa qualidade de conservação com um amplo espetro de cores, formas e tamanhos. A calêndula pode ser cultivada três vezes por ano - estações das chuvas, inverno e verão. Produzem flores comercializáveis num curto espaço de tempo e são amplamente utilizadas para funções religiosas e sociais, bem como para exposição no jardim. As flores são adequadas para fazer grinaldas, decorações florais e são vendidas no mercado como flores soltas. Existem cerca de 32 espécies de *Tagetes*, as mais importantes e amplamente cultivadas são de dois tipos. A calêndula africana (*Tagates erecta* L.) e a calêndula francesa (*Tagates patula* L.).

A *Tagates erecta* L. (2n=24) é uma planta de crescimento alto e vigoroso (até 90 cm) com grandes flores globulares. Tem folhas pinadas com cabeças de flores solitárias de 2 a 5 polegadas de diâmetro. A gama de cores é amarelo-limão, amarelo brilhante, amarelo dourado e laranja. Comercialmente, é muito popular como flores soltas e tem mais aplicação em grinaldas e adornos.

A *Tagates patula* L. (2n=48) é uma planta anã, de crescimento compacto (até 30-60 cm), que floresce abundantemente em capítulos simples ou duplos. Tem folhas finamente divididas e férteis com cabeças de flores solitárias. A gama de cores varia entre o escarlate profundo, o amarelo dourado, o rosa nobre, o vermelho ferrugem mogno e o laranja. É ideal como flor solta e para jardinagem paisagística, especialmente para rochedos, bordaduras, cestos suspensos e caixas de janela, devido ao seu carácter anão e à sua floração abundante.

A *Gaillardia pulchela* Foug. (2n=24), popularmente conhecida como flor-dos-cobertores, é uma das plantas anuais mais resistentes cultivadas numa variedade de solos. É uma flor atractiva disponível em forma simples ou semi-dupla com cores atractivas, dando um aspeto franjado (Pal, 1989). É cultivada como planta de interior para decoração de interiores e também encontra um lugar único na orla herbácea em paisagismo, para além da sua utilidade na redução da erosão do solo. Suporta melhor do que a maior parte das plantas com flores uma intensidade luminosa elevada, temperaturas elevadas e a seca. Também é tolerante à salinidade (Tija e Rose, 1988).

Devido à falta de produção de flores de jasmim durante todo o ano e à adequação de uma cultura anual de flores soltas como cultura intercalar, existe pouca informação disponível sobre estudos de culturas intercalares de flores anuais no jasmim. Por conseguinte, a presente investigação foi planeada para estudar a influência das culturas intercalares de flores anuais nos parâmetros de crescimento e rendimento do *Jasminum sambac* L., com os objectivos abaixo citados.

1. Conhecer as combinações adequadas de culturas anuais de flores para a cultura intercalar.

2. Aumento da produtividade total por unidade de superfície.

3. Conhecer o efeito de diferentes culturas intercalares no crescimento e rendimento de *Jasminum sambac* L.

# 2 REVISÃO DA LITERATURA

Para uma melhor compreensão do presente estudo, as conclusões do trabalho de investigação sobre a cultura intercalar foram revistas brevemente neste capítulo, cronologicamente, sob os seguintes títulos principais.

**1.1** Sistemas de culturas intercalares e sua importância

**1.2** Efeito do sistema de culturas intercalares nos caracteres de crescimento

**1.3** Efeito do sistema de culturas intercalares nos parâmetros fisiológicos

**1.4** Efeito do sistema de culturas intercalares no rendimento

**1.5** Efeito do sistema de culturas intercalares no estado nutricional do solo

**1.6** Efeito do sistema de culturas intercalares no rácio de equivalência de terras (RLT) 2.7 Sistema de culturas intercalares mais remunerador

## 1.7 Sistemas de culturas intercalares e sua importância

A cultura intercalar é uma técnica de intensificação das culturas, tanto no espaço como no tempo, em que a competição entre culturas pode ocorrer durante uma parte ou todo o período de crescimento da cultura. Tem sido uma prática comum seguida pelos agricultores da Índia, África, Sri Lanka e Índias Ocidentais (Andrews e Kassam, 1979). A cultura intercalar é um excelente sistema de cultivo que assegura uma melhor utilização dos recursos e dos factores de produção se a seleção das culturas for feita de forma adequada (Singh *et al.*, 2014). A ideia básica da consociação de culturas não é apenas que duas ou mais espécies de culturas cultivadas juntas podem explorar os recursos melhor do que qualquer uma delas cultivada separadamente, mas também para cobrir o risco inerente à agricultura e mais

50, em condições de terra seca, que é, em certa medida, um tampão, e é designado por "seguro biológico" (Ayyer, 1963).

Donald (1963) opinou que espécies de hábitos contrastantes, tanto morfológica como fisiologicamente, seriam capazes de explorar em conjunto o ambiente total de forma mais eficaz do que a monocultura. Se duas espécies cultivadas juntas são mutuamente benéficas, então existe uma cooperação. Pelo contrário, a competição resulta quando elas tendem a ser mutuamente prejudiciais e esta competição é principalmente por água, nutrientes e luz. A relação entre competição e cooperação depende da densidade. Os recursos no que diz respeito aos nutrientes das plantas presentes no solo ou adicionados a ele como adubo foram utilizados em maior extensão no povoamento misto do que quando os componentes foram cultivados separadamente. As culturas, com diferentes profundidades de raízes, utilizam diferentes camadas do solo para obter nutrientes e humidade. O retorno periódico e a distribuição das necessidades de mão de obra ao longo do ano são de grande ajuda para os cultivadores com poucos recursos (Aiyer, 1949).

Observa-se que as misturas de culturas proporcionam um seguro contra o risco e dão rendimentos estáveis mesmo em condições climatéricas desfavoráveis. A principal forma de a mistura de culturas conseguir uma maior estabilidade é a compensação de uma cultura componente quando a outra falha ou cresce mal, devido a seca, pragas ou doenças. Mas quando duas espécies são cultivadas separadamente como culturas únicas, não há possibilidade de compensação. A cultura intercalar asseguraria baixas flutuações de rendimento do que a cultura única, mesmo em condições desfavoráveis (Oguntowara e Norman, 1974). As misturas de culturas também estabilizam os rendimentos ao longo das estações, uma vez que fornecem mais do que um produto e podem atuar como amortecedor contra as frequentes alterações de preços de qualquer uma das culturas componentes (Rao e Willey, 1980).

**1.8 Efeito do sistema de culturas intercalares nos caracteres de crescimento**

O rendimento das culturas é o produto final de muitos processos de crescimento das plantas que interagem com o ambiente. O ambiente de crescimento encontrado por um componente numa cultura intercalar é geralmente diferente do encontrado numa cultura única. A natureza e o grau de diferença dependem do tipo de planta (por exemplo, altura da planta e dispersão) da cultura associada. A redução do crescimento da cultura intercalar em relação à cultura única pode também dever-se à maior competição pela luz, nutrientes e humidade (Singh, 1985).

**2.2.1 A floricultura como cultura principal**

Lakshminarayanan *et al.* (2005) realizaram uma experiência sobre a cultura intercalar de legumes leguminosos num campo podado de jasmim (*Jasminum sambac* L.) e observaram que a cultura intercalar alterou significativamente o crescimento do jasmim. A cultura pura de jasmim registou a altura máxima da planta (85,18 cm), que se verificou estar na mesma barra com jasmim + feijão de cacho 1:1 (80,76 cm).

Anburani e Vidhya Priyadharshini (2011) estudaram a influência da consorciação de feijão dolichos, feijão-frade hortícola e feijão de cacho em três espaçamentos diferentes nos parâmetros de crescimento em mullai. Entre os parâmetros de crescimento, o número máximo de rebentos produtivos (235,98) foi observado no jasmim consorciado com feijão-frade hortícola num espaçamento de 45 x 15 cm. O número mais baixo de rebentos produtivos (204,29) foi observado no jasmim solitário.

Singh e Singh (2014) estudaram o desempenho dos coentros, do feno-grego e da soja como culturas intercalares num sistema de culturas intercalares à base de gladíolos. Os resultados obtidos na experiência mostraram que a cultura intercalar afectou significativamente os parâmetros de crescimento dos coentros, do feno-grego e da soja. A cultura única de coentros, feno-grego e soja não só proporcionou a melhor germinação de sementes, como também produziu plantas mais altas, mais folhas e ramos por planta, levando a uma maior produção de erva. Contrariamente ao ensaio de culturas intercalares (coentros, feno-grego e soja), o desempenho da cultura principal (gladíolo) foi melhorado em culturas intercalares, em comparação com a cultura única. A altura do gladíolo, que só foi cultivado com uma única cultura, é de 89,33 cm, sendo máxima com o feno-grego (98,90 cm) e depois com a soja (95,67 cm). O número de rebentos por cormo de gladíolo foi máximo (2,2) na cultura intercalar de gladíolo + feno-grego.

## 2.2.2 Outras culturas como cultura principal

Misra *et al.* (1984) referiram que a cultura intercalar de feijão francês num pomar de macieiras cv. Red Delicious como prática de gestão do solo do pomar não teve qualquer efeito adverso no crescimento da maçã.

Natarajan (1992) verificou que a altura das plantas e o número de ramos da malagueta foram consideravelmente reduzidos devido à cultura intercalar com quiabo, cebola, coentros e grama preta, em comparação com a monocultura.

Aravazhi *et al.* (1996) verificaram que a redução dos caracteres de crescimento da malagueta era maior com o feijão-de-lab e o rabanete do que com outras culturas intercalares como a cebola, o feijão-frade e a grama preta.

O cultivo intercalar de quiabo + milho reduziu o crescimento da cultura do quiabo e do milho em relação à sua monocultura. No entanto, com o aumento da densidade de plantas de milho em quiabeiro consorciado, observou-se um aumento da altura da planta e do índice de área foliar, mas uma diminuição do número de ramos da planta de milho (Mouneka e Asiegbu, 1997).

Ghosh *et al.* (2004) estudaram a colocásia como cultura intercalar na plantação de arecanut cv. Mohitnagar e encontraram um efeito benéfico da colocásia no crescimento do arecanut em Nadia, Bengala Ocidental. Verificaram um aumento da altura das plantas (65,73%) e do número de folhas por planta (72,82%) devido à cultura intercalar.

O resultado do cultivo intercalar de flores sazonais em sapota jovem cv. Kalipatti revelou que as flores sazonais não tiveram efeito significativo no crescimento da sapota. (Anon., 2005).

Das *et al.* (2008) realizaram uma experiência sobre a cultura intercalar num pomar juvenil de tamarindo com culturas intercalares *de* malagueta, curcuma, gengibre e inhame-pata-de-elefante. A altura da planta de tamarindo (191,75 cm) foi muito influenciada pela cultura intercalar de açafrão-da-terra, que se equiparou à malagueta e ao inhame-pata-de-elefante. A extensão máxima da copa foi registada com tamarindo + inhame-pata-de-elefante (185,74 cm) na direção N-S e com tamarindo + curcuma (192,43 cm) na direção E-W. No caso da circunferência basal, esta foi máxima na malagueta (13,13 cm) e mínima no gengibre (10,60 cm).

Krishna *et al.* (2011) estudaram o potencial de produção de feijão-caupi vegetal intercalado em sistema de cultivo à base de pinhão-manso em condições de sequeiro. Entre os três diferentes espaçamentos entre árvores de pinhão-manso, o crescimento e o rendimento do feijão-caupi foram maiores quando cultivado no espaço entre árvores de pinhão-manso no espaçamento de 4,0 m x 3,0 m.

Munde *et al.* (2011) estudaram o efeito das culturas intercalares no crescimento e no rendimento da anona em diferentes grupos etários (1-2 anos, 5-7 anos, 10 anos e mais) e referiram que o tratamento RDF + feijão-frade registou a altura máxima da anona em todos os grupos etários. A circunferência máxima foi registada com o tratamento FTR + grama forrageira, que foi igual ao FTR + feijão-frade.

Abd El-Gaid *et al.* (2014) realizaram um experimento de campo sobre os efeitos do sistema de consorciação de tomate e feijão comum na razão equivalente da terra em New Valley Governorate em solo franco-arenoso sob sistema de irrigação por gotejamento. Eles observaram a altura máxima da planta (63,96 cm e 66,58 cm na primeira e segunda temporada, respetivamente) de tomate + feijão comum 1:3.

**1.9 Efeito do sistema de culturas intercalares nos parâmetros fisiológicos**

Ghanbari *et al.* (2010) estudaram o efeito da cultura intercalar de milho e feijão-frade na distribuição da luz, na temperatura e na humidade do solo em ambiente árido e observaram que havia uma diferença significativa na interceção da luz entre o feijão-frade e o milho puros em comparação com a cultura intercalar.

Mithamo (2014) realizou um experimento de consorciação de café com árvores frutíferas e estudou o efeito sobre os fatores ecofisiológicos e edáficos do café e observou que a consorciação de café com árvores frutíferas reduziu significativamente a PAR (Radiação Fotossinteticamente Ativa) do café e não influenciou significativamente as temperaturas foliares, durante a estação fria.

**1.10 Efeito do sistema de culturas intercalares no rendimento**

A disponibilidade de recursos ambientais para cada uma das culturas componentes é importante para determinar a produtividade combinada da cultura intercalar. As capacidades de competição das culturas componentes determinam a sua produção de biomassa e o rendimento varia frequentemente em função do ambiente de crescimento (Fukai e Trenbath, 1993).

**2.4.1 As culturas florais como cultura principal**

Itnal *et al.* (1996) efectuaram uma experiência de estudos sobre o cultivo intercalar de amendoim e girassol em condições de sequeiro. O rendimento do amendoim foi reduzido em 30,6 % e o do girassol em 37,7 %, em comparação com as respetivas culturas únicas.

Lakshminarayanan *et al.* (2005) investigaram a cultura intercalar de legumes leguminosos num campo podado de jasmim (*Jasminum sambac* L.) e indicaram que a cultura intercalar de jasmim podado com filas duplas de feijão-frade vegetal produziu o maior rendimento equivalente de jasmim (5393 kg/ha) em comparação com o jasmim isolado (3049 kg/ha).

Singh e Datta (2006) referiram que a cultura intercalar de calêndula francesa com o sistema de pares de gladíolos proporcionava um rendimento adicional em relação à cultura pura do sistema de pares de gladíolos. O rendimento líquido devido à cultura intercalar foi quase duas vezes superior ao da cultura pura da prática convencional com um espaçamento de 40 cm × 15 cm. O facto de a calêndula ter um padrão de crescimento diferente não teve qualquer efeito prejudicial na produtividade da cultura do gladíolo.

Anburani e Vidhya priyadharshini (2011) realizaram uma experiência sobre a resposta dos parâmetros de rendimento e a rentabilidade do mullai ao sistema de culturas intercalares. O aumento significativo do rendimento equivalente foi observado quando o jasmim foi consorciado com feijão-frade (45 cm x 15 cm), que registou 5170,36 g/planta e 12925,90 kg/ha. Seguiu-se, comparativamente, o jasmim T7 + feijão-frade (60 cm x 15 cm), que registou 5095,35 g/planta e 12738,37 kg/ha, enquanto o rendimento mais baixo por planta (4700,25 g/planta) e por hectare (11750,62 kg/ha) foi observado no jasmim isolado.

Singh e Singh (2014) realizaram uma experiência sobre a cultura intercalar de coentros, feno-grego e soja num sistema de cultura intercalar baseado no gladíolo. Verificaram que os atributos de rendimento e o rendimento do gladíolo foram melhorados em culturas intercalares em comparação com o sistema de cultura única.

**2.4.2 Outras culturas como cultura principal**

Sarma *et al.* (1996) observaram que o rácio entrada/saída mais elevado foi encontrado no caso da colocásia. O rendimento da cultura principal não foi afetado por nenhuma das culturas intercalares. Pelo contrário, registou-se uma redução do rendimento quando o coco foi cultivado como cultura pura. Observou-se um aumento substancial na produção de nozes devido à cultura intercalar com gengibre e colocasia.

Sharma e Tiwari (1996) intercalaram tomate com milho, com uma fila de milho alternada com 1, 2, 3 ou 4 filas de tomate. A intensidade da luz, a temperatura do solo e o rendimento aumentaram com a manutenção da frequência das linhas de milho. No entanto, o diâmetro dos frutos diminuiu no tomateiro consorciado.

Gill e Ajit (2006) efectuaram estudos de culturas intercalares para determinar o efeito de quatro variedades diferentes (Amrapalli, Dashehari, Mallika e Langra) de manga no rendimento do trigo semeado no espaço entre as cultivares de manga. O rendimento mais elevado de grãos e palha de trigo foi registado na variedade 'Amrapalli'.

Agrawal *et al.* (2010) realizaram uma experiência sobre a cultura intercalar de cominho preto, ajowan, feno-grego e calêndula em couve-flor (*Brassica oleracea* L. var. *botrytis*) cv. Snowball-16. Observaram um rendimento máximo de couve-flor no sistema de cultivo intercalar couve-flor + feno-grego (16,58 t/ha), seguido de couve-flor + calêndula (14,80 t/ha) e o mínimo foi observado com couve-flor isolada (14,22 t/ha).

Ghosh e Hore (2011) realizaram uma experiência de campo para estudar o efeito do espaçamento e do tamanho do rizoma-semente no rendimento do gengibre cv. Garubathan, cultivado como cultura intercalar em coqueiros cv. East Coast Tall garden. O modelo de sistema de cultivo (coco + lima + gengibre + quiabo) foi considerado o melhor entre todos. Além disso, o plantio com 25-30 g de rizoma-semente no espaçamento de 20 cm × 15 cm pode ser recomendado para o gengibre como cultura intercalar na plantação de coco para maximizar o rendimento.

Mahant (2011) inferiu que a cultura intercalar da bananeira era mais produtiva e rentável do que o seu cultivo exclusivo, sem perda de rendimento. A cultura intercalar com cebola ou alho na banana na fase inicial de crescimento da plantação aumenta o lucro total sem afetar o rendimento.

Islam *et al.* (2014) realizaram uma experiência para descobrir a combinação de culturas adequada para aumentar a produtividade total, o retorno e maximizar a utilização da terra através do sistema de culturas intercalares. Foram utilizados no estudo seis tratamentos: Brinjal 100% + amaranto vermelho 100%, Brinjal 100% + amaranto de folhas 100%, Brinjal 100% + juta 100%, Brinjal 100% + feijão mungo 60%, Brinjal 100% + grama preta 60% e apenas uma cultura de base (brinjal). Os resultados mostraram que as diferentes combinações de culturas intercalares não influenciaram o rendimento e os caracteres que contribuem para o rendimento da brinjal. O rendimento da brinjal foi comparativamente mais baixo nas culturas intercalares, mas a produtividade total aumentou devido ao rendimento adicional de legumes de folha e leguminosas. O aumento da produtividade total em termos de rendimento equivalente de brinjal foi de 8,80 a 26,67 t/ha na combinação de culturas intercalares em comparação com a cultura de base. Todas as combinações de culturas intercalares foram superiores em termos de rendimento equivalente de brinjal, retorno bruto e rácio custo-benefício (BCR) em relação às culturas únicas. Entre as combinações de culturas intercalares, Brinjal 100% (100 cm ×

75 cm) + Feijão-mungo 60% (três fileiras de feijão-mungo entre fileiras de brinjal mantidas a 30 cm de distância entre fileiras com sementeira contínua) foi o sistema de culturas intercalares mais viável e rentável no que respeita ao rendimento equivalente de brinjal (20,85 t/ha).

## 1.11 Efeito do sistema de culturas intercalares no estado nutricional do solo

Kumar *et al.* (2011) estudaram o efeito do sistema de culturas intercalares à base de rícino no rendimento e no estado dos nutrientes pós-colheita do solo e observaram que o teor de azoto, fósforo e potássio disponíveis no solo eram mais elevados (299 kg/ha, 38 kg/ha e 309 kg/ha, respetivamente) quando o rícino era consorciado com o amendoim na proporção de 1:3 linhas, em comparação com a cultura única (280 kg/ha, 33 kg/ha e 298 kg/ha, respetivamente).

Math *et al.* (2012) realizaram uma experiência sobre o efeito da cultura intercalar na produtividade do sistema e no estado de nutrientes disponíveis no solo e observaram que o estado de N, P e K disponível foi melhorado pelo cultivo de soja e feijão francês na proporção de 1:2 linhas com milho (221,33 e 245,43 kg/ha, 36,42 e 35,32 kg/ha e 366,45 e 369,62 kg/ha, respetivamente) em comparação com o milho único (221,33, 32,28 e 361,58 kg/ha, respetivamente).

Rathika (2013) estudou o efeito da geometria das culturas, das práticas de consociação e de cobertura no rendimento, na absorção de nutrientes e no estado de fertilidade do solo do milho para bebé e observou que o estado de N disponível no solo era mais elevado no sistema de consociação milho para bebé + feno-grego, mas era igual ao do milho para bebé consorciado com feijão-frade forrageiro em ambos os anos. Os níveis de P e K disponíveis no solo não variaram em função dos sistemas de culturas intercalares.

## 1.12 Efeito do sistema de culturas intercalares no rácio de equivalência de terras

### 2.6.1 As culturas florais como cultura principal

Lakshminarayanan *et al.* (2005) realizaram uma experiência sobre a cultura intercalar de legumes leguminosos num campo podado de jasmim (*Jasminum sambac* L.). Indicaram que a cultura intercalar de jasmim podado com filas duplas de feijão-frade hortícola proporcionou o rácio equivalente de terra mais elevado (1,99).

### 2.6.2 Outras culturas como cultura principal

Mandal *et al.* (2004) relataram que o maior LER (1,76) foi registado quando a amoreira e o amendoim foram consorciados na proporção de 1:4, seguido pelo sistema de consorciação amoreira + grama verde.

Rahman *et al.* (2006) efectuaram culturas intercalares de banana (Ranginsagar e

Sabarai) com batata e mostarda. Registaram o maior LER da banana (Ranginsagar) + batata (1,68) e o menor (1,42) da banana (Sabarai) + mostarda.

Islami *et al.* (2011) estudaram a consorciação de diferentes culturas de campo em mandioca e descobriram que todos os sistemas de consorciação tinham LER superior a 1, que variou entre 1,35 (mandioca + arroz de terras altas) e 1,6 (mandioca + amendoim), o que mostra a rentabilidade da consorciação.

Mahant (2011) estudou o cultivo intercalar de banana sob irrigação por gotejamento e encontrou valores de LER em todos os tratamentos foram maiores do que um, indicando a rentabilidade do cultivo intercalar sobre o cultivo único. O máximo de LER foi registado em banana + cebola

(1.(60)     seguido de banana + alho (1,56) e banana + couve-flor (1,54).

Thankamani *et al.* (2011) estudaram as diferentes combinações de tratamento com mandioca, inhame pé-de-elefante, coleus, gengibre, açafrão-da-terra, napier híbrido, capim-santo do Congo e capim-da-índia consorciados em horta de pimenta-do-reino. Registaram o LER mais elevado (2,1) no napier híbrido, seguido do inhame pé-de-elefante (1,70) e do capim-guiné (1,70).

Abd El-Gaid *et al.* (2014) realizaram um experimento de campo sobre os efeitos do sistema de consorciação de tomate e feijão comum na razão equivalente da terra em New Valley Governorate em solo franco-arenoso sob sistema de irrigação por gotejamento. O tomate (Super Strain B) como cultura principal foi consorciado com diferentes densidades populacionais de plantas de feijão comum (*Phaseolus vulgaris* L.) cv. Bronco como cultura intercalar. O LER mais elevado foi encontrado no sistema de plantação 1:3 de tomate e feijão comum, com 1,26 e 1,25 na primeira e segunda época, respetivamente. Recomenda-se a utilização deste padrão para melhorar o rendimento do agricultor e o LER nas condições de New Valley.

Nedunchezhiyan (2014) estudou a cultura intercalar de especiarias (curcuma e gengibre) no inhame pé-de-elefante e verificou que a LER máxima (1,10) foi observada na cultura intercalar inhame pé-de-elefante + gengibre (1:2), seguida de inhame pé-de-elefante + gengibre 1:1 (1,06) e inhame pé-de-elefante + curcuma 1:1 (1,02).

## 1.13 Sistema de culturas intercalares mais rentável

No caso das culturas intercalares, foram desenvolvidas muitas metodologias de comparação. No entanto, o mais convincente é o retorno monetário do sistema de cultivo sugerido. A cultura intercalar reduziu o rendimento em comparação com a monocultura, mas na maioria das culturas intercalares aumenta o lucro global (Singh 1985).

## 2.7.1 As culturas florais como cultura principal

Lakshminarayanan *et al.* (2005) investigaram o cultivo intercalar de legumes leguminosos num campo podado de jasmim (*Jasminum sambac* L.). Registaram os maiores rendimentos líquidos (Rs. 1, 44.113 por ha) e uma relação custo-benefício (3:1) na cultura intercalar de jasmim podado com linhas duplas de feijão-frade.

## 2.7.2 Outras culturas como cultura principal

Chundawat e Gupta (1974) sugeriram o cultivo de culturas fruteiras resistentes e precoces, como a phalsa, como cultura de enchimento nos pomares de mangueiras. Isto daria apoio económico aos fruticultores.

Ghosh (2001) realizou uma experiência sobre a cultura intercalar de ervilha-de-corda, cabaça de freixo, amendoim, abóbora e cabaça de crista na goiabeira cv. Lucknow 49 e verificou que os rendimentos monetários mais elevados por hectare foram registados na combinação de goiabeira + amendoim (Rs. 39 685), enquanto que o lucro líquido por hectare foi registado ao máximo na combinação de goiabeira + cabaça de crista (Rs. 21 368), seguido de goiabeira + amendoim (20 685).

Nedunchezhiyan *et al.* (2002) realizaram uma experiência para estudar a adequação do inhame pé-de-elefante como cultura intercalar em jardins de banana e papaia. Revelaram que o inhame pé-de-elefante pode aumentar substancialmente os rendimentos líquidos da banana
(Rs. 21.100,00) e papaia (Rs. 20.200,00) sem qualquer efeito adverso na cultura principal.

Gawade *et al.* (2003) efectuaram uma experiência sobre a cultura intercalar de rabanete, coentros, palak, methi e shepu com couve-flor. A couve-flor consorciada com palak registou os rendimentos monetários significativamente mais elevados (Rs. 1,24,309) do que as restantes combinações.

O resultado da consociação de culturas sazonais de flores em sapota jovem cv. Kalipatti revelou que o rendimento líquido máximo (Rs. 91.991/ha) foi registado com a consociação de gaillardia. No entanto, o CBR máximo (4,20) foi obtido com a cultura intercalar de calêndula (Anon., 2005).

Irene Vethamoni e Rajavel (2007) realizaram uma experiência de campo na Estação de Investigação Agrícola, Kovilpati, para identificar combinações de culturas adequadas para terrenos baldios de solo vermelho e preto. Concluíram que as combinações de culturas adequadas eram as árvores de fruto, *nomeadamente* a sapota (variedades PKM 1 e PKM 2) e a goiaba (variedades Lucknow 49 e Allahabad Safeda), com o feijão de cacho como cultura intercalar. Estas culturas intercalares podem ser cultivadas nas alamedas das árvores de fruto até 2 anos sem qualquer impedimento para a cultura principal. Entre as combinações de tratamentos de feijão de cacho com culturas frutíferas, o lucro varia de Rs. 5675.0/ha com goiaba cv. Lucknow 49 a Rs. 4190.0/ha com sapota cv. PKM 2 em solo vermelho. Em terra preta o lucro varia de Rs. 5935.0/ha com Lucknow 49 a Rs. 5230.0 com PKM 1.

Ray *et al.* (2007) realizaram uma experiência de campo sobre a economia da cultura intercalar de produtos hortícolas e de culturas floríferas em jardins de amendoim em fase de pré-crescimento, nas condições de Assam. Os resultados de dois anos indicaram que as culturas hortícolas, como o rabanete (*Raphanus sativus*), a couve (*Brassica oleracea* var. *capitata*), a couve-flor (*B. oleracea* var. *botrytis*) e a couve-brincadeira (*Solanum melongena*), tiveram um bom desempenho e resultaram num rendimento líquido mais elevado e numa relação custo-benefício (4,0 a 5,0). Entre as culturas floridas, a calêndula e o crisântemo tiveram um bom desempenho e resultaram numa relação custo-benefício mais elevada (2,05 a 2,43) em comparação com o gladíolo.

Prakash *et al.* (2009) investigaram a cultura intercalar de calêndula com cana-de-açúcar para obter um rendimento elevado e revelaram que o cultivo de cana-de-açúcar na plantação de primavera com a cultura intercalar de calêndula (Pusa Narangi Gainda) aumentou a produtividade da cana-de-açúcar, o carbono orgânico e a flor de calêndula (74 q/ha), aumentou o rendimento adicional (0,74 lakh/ha) no ano de 2005 e 0,86 a 1,63 lakh/ha no ano de 2006, respetivamente.

Mahant (2011) observou que o cultivo intercalar de alho e cebola com 60% de cobertura em banana sob irrigação por gotejamento deu o máximo de retorno bruto e líquido, bem como a relação custo-benefício.

Opoku-Ameyaw *et al.* (2011) observaram que a cultura intercalar não alterou substancialmente o rendimento da castanha de caju. A análise económica dos pacotes indicou que a cultura intercalar de milho e inhame durante a fase de estabelecimento era rentável. Por conseguinte, é aconselhável intercalar o caju com inhame e milho no norte do Gana durante o período inicial de estabelecimento.

Prakash *et al.* (2011) estudaram o sistema de culturas intercalares à base de cana-de-açúcar para obter um rendimento adicional no oeste de Uttar Pradesh. Os resultados indicaram que o retorno monetário bruto foi mais elevado no sistema de culturas intercalares de cana-de-açúcar + gladíolo em comparação com o pepino, o quiabo e o feijão-frade. O rendimento máximo da cana-de-açúcar (900 q/ha) foi encontrado no feijão-frade intercalado com a cana-de-açúcar e a saúde do solo também foi melhorada. Entre os sistemas de consórcio, a cana-de-açúcar com gladíolo foi mais remuneradora em termos de retorno líquido.

Shrestha (2012) realizou uma experiência sobre a cultura intercalar de cinco variedades de tomate: Pusa Ruby, CL-1131, BARI-4, BARI-5 e Bio-Rakshya num pomar de mangueiras recém-criado. A variedade Pusa Ruby obteve a maior produção de frutos e o maior benefício económico, tendo sido recomendada para a cultura intercalar em pomares de mangueiras jovens.

# 3 MATERIAIS E MÉTODOS

Os pormenores da experiência relativos à área de estudo, ao local, aos materiais utilizados e à metodologia empregue na realização desta experiência são descritos neste capítulo. O presente estudo, intitulado **"Culturas intercalares de flores anuais em *Jasminum sambac* L."**, foi realizado com o objetivo de avaliar a influência das culturas intercalares no crescimento e no rendimento do jasmim.

## 1.14 Localização geográfica do sítio experimental

Navsari está situado na parte sul do estado de Gujarat, com uma área total de cerca de 2657,56 quilómetros quadrados. O distrito situa-se entre a latitude e a longitude de 20,57° N a 20,95° N e 72,56° E a 72,93° E, respetivamente, e a uma altitude de cerca de 10 m acima do nível médio das águas do mar. O campus da Universidade Agrícola de Navsari está situado na estrada histórica de Dandi March, a cerca de 3 km da estação ferroviária de Navsari e a 13 km da região costeira do Mar Arábico.

## 1.15 Clima e tempo

De acordo com as condições agro-climáticas, Navsari insere-se na zona I de precipitação intensa do Sul de Gujarat e na situação ecológica agrícola III, que é tipicamente tropical, caracterizada por monções húmidas e quentes com precipitação intensa, um inverno moderadamente frio e um verão bastante quente e húmido.

Em geral, a monção começa na primeira quinzena de junho e retira-se no final de setembro. São comuns as chuvas pré-monção na última semana de maio ou na primeira semana de junho. A maior parte da precipitação é recebida da monção do sudoeste, que se concentra nos meses de julho e agosto. A precipitação média anual desta região é de cerca de 1500 mm.

A estação do inverno começa normalmente no final de outubro ou no início de novembro e termina em meados de fevereiro. As temperaturas mais baixas são registadas nos meses de dezembro ou janeiro. A partir de fevereiro, a temperatura começa a subir e atinge o máximo em maio. abril e maio são os meses mais quentes.

## 1.16 Sítio experimental

A presente investigação intitulada **"Intercropping of annual flowers in *Jasminum sambac* L."** foi realizada na Floriculture Research Farm, ASPEE College of Horticulture and Forestry, Navsari Agricultural University, Navsari durante o ano de 2014-15.

## 1.17 Características do solo

O solo de Navsari foi classificado no grande grupo de Vertic *Ustochrepts*, subordem *Chrepts* e ordem *Inceptisols* com a série Jalalpore, de acordo com a sétima aproximação. Inclui um solo profundo, moderadamente argiloso, que foi anteriormente classificado como "solo negro profundo". Tem uma boa capacidade de retenção de água, uma drenagem média a má e uma topografia plana. O teor de argila varia entre 42 e 50 por cento, com predominância de minerais de argila do tipo montmorilonite.

Antes de iniciar a experiência, foram colhidas amostras de solo desde o nível da superfície até 30 cm de profundidade em locais aleatórios que abrangiam toda a parcela experimental. As amostras de solo recolhidas foram analisadas quanto às suas propriedades físicas e químicas.

**Tabela 3.1. Características físico-químicas do solo**

| Características do solo | Valor | Método utilizado |
|---|---|---|
| pH | 8.14 | Potenciometria (Jackson, 1967) |
| Condutividade eléctrica (ds/m) | 0.44 | Método Schofield (Jackson, 1967) |
| Carbono orgânico % | 0.45 | Método de titulação rápida de Walkley e Black (Jackson, 1967) |
| N disponível % (kg/ha) | 224 | Alcalino-permanganato método de oxidação (Subbiah e Asija 1956) |
| P disponível $O_{25}$ % (kg/ha) | 42 | Método de Olsen (Jackson, 1967) |
| K2O disponível % (kg/ha) | 303 | Fotometria de chama (Jackson, 1967) |

## 1.18 Detalhes experimentais

**Localização**Fazenda de Pesquisa em Floricultura

ASPEE Escola Superior de Horticultura e

Silvicultura

Universidade Agrícola de Navsari, Navsari

## Fig. 3.1: Esquema da experiência

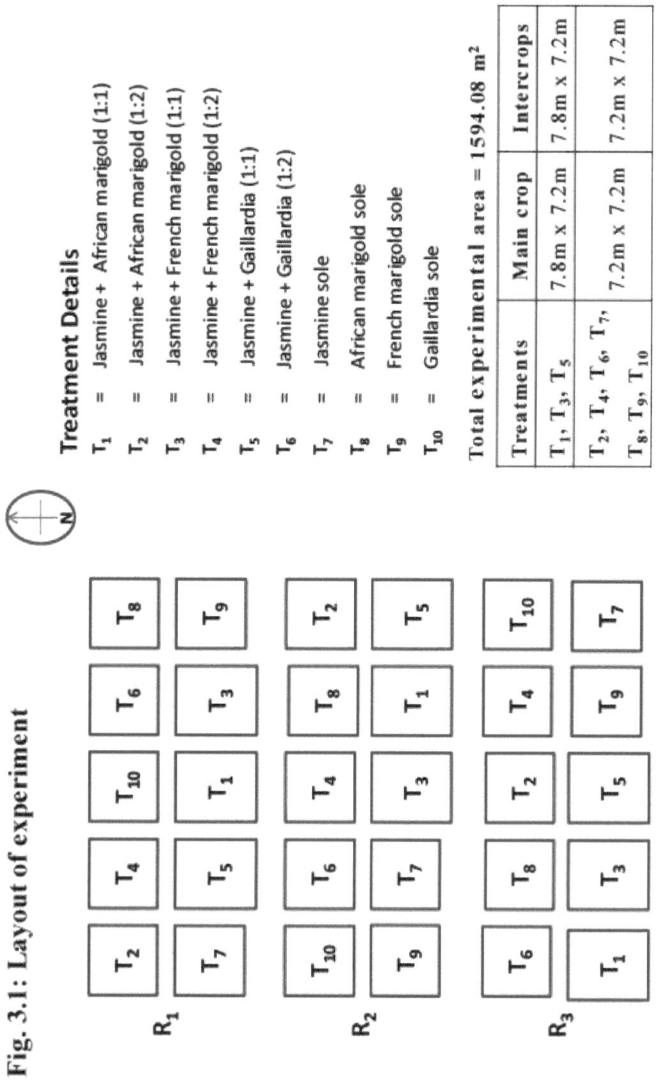
Fig. 3.1: Layout of experiment
R1
T2 T4 T10 T6 T8
T7 T5 T1 T3 T9
R2
T10 T6 T4 T8 T2
T9 T7 T3 T1 T5
R3
T6 T8 T2 T4 T10
T1 T3 T5 T9 T7
N
Treatment Details
T1 = Jasmine + African marigold (1:1)
T2 = Jasmine + African marigold (1:2)
T3 = Jasmine + French marigold (1:1)
T4 = Jasmine + French marigold (1:2)
T5 = Jasmine + Gaillardia (1:1)
T6 = Jasmine + Gaillardia (1:2)
T7 = Jasmine sole
T8 = African marigold sole
T9 = French marigold sole
T10 = Gaillardia sole
Total experimental area = 1594.08 m2
Treatments | Main crop | Intercrops
T1, T3, T5 | 7.8m x 7.2m | 7.8m x 7.2m
T2, T4, T6, T7, T8, T9, T10 | 7.2m x 7.2m | 7.2m x 7.2m

## Detalhes do tratamento

$T =_1$ Jasmim + calêndula africana (1:1)

$T =_2$ Jasmim + calêndula africana (1:2)

$T =_3$ Jasmim + calêndula francesa (1:1)

$T =_4$ Jasmim + calêndula francesa (1:2)

$T =_5$ Jasmim + Gaillardia (1:1)

T =$_6$ Jasmim + Gaillardia (1:2)

T =$_7$ Sola de jasmim

T =$_8$ Sola de calêndula africana

T =$_9$ Sola de calêndula francesa

T =$_{10}$   Sola de Gaillardia

Área **experimental** total = 1594,08 m²

| Tratamentos | Cultura principal | Culturas intercalares |
|---|---|---|
| T , $\tau_{13}$ , $T_5$ | 7,8m X 7,2m | 7,8m X 7,2m |
| $\tau_2$ , $T_4$ , $T_6$ , T , $\tau_{78}$ , $T_9$ , $T_{10}$ | 7,2m X 7,2m | 7,2m X 7,2m |

# Disposição dos tratamentos individuais

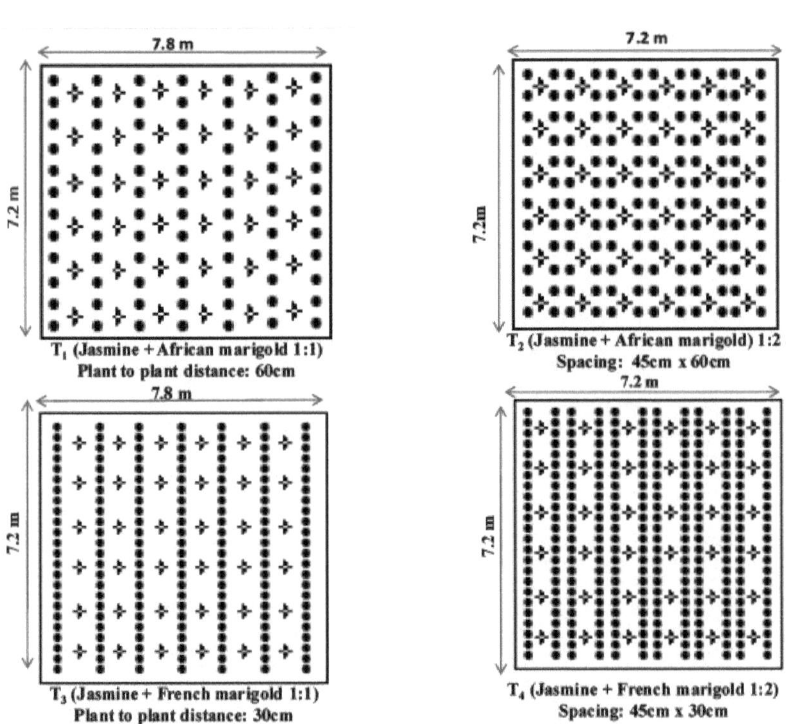

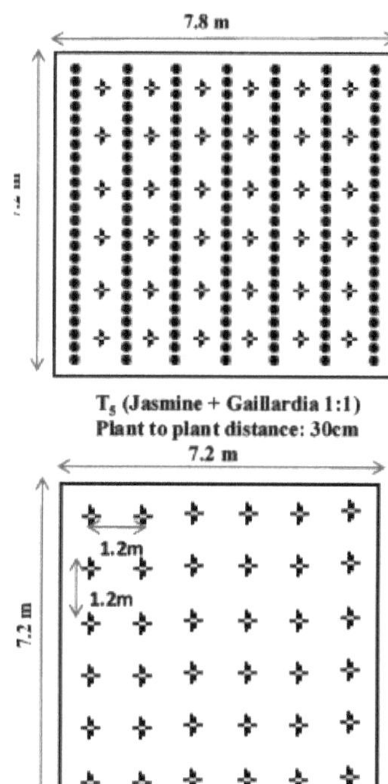

T$_5$ (Jasmine + Gaillardia 1:1)
**Plant to plant distance: 30cm**

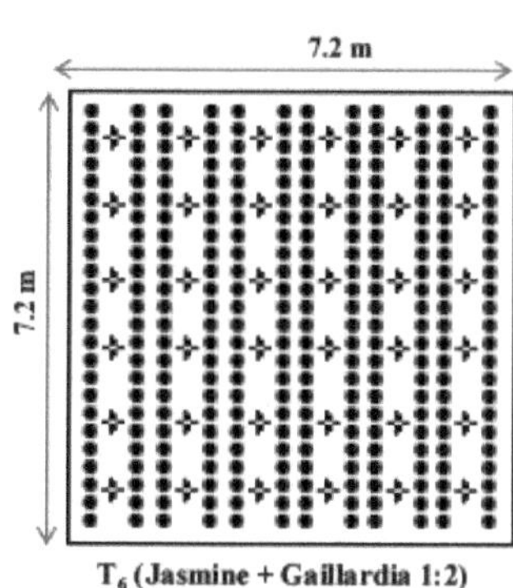

T$_6$ (Jasmine + Gaillardia 1:2)
**Spacing: 45cm x 30cm**

T$_7$ (Sole jasmine)



**Spacing :**
Jasmine - 1.2m x 1.2 m

| **Conceção estatística** | RBD (Randomized Block Design) |
| **Ano** | 2014-15 |
| **Replicação** | 3 |
| **Cultura principal** | *Jasminum sambac* L. var. Baramasi |
| **Interculturas** | Calêndula africana (*Tagetes erecta* L.) cv. Duplo Supremo |
| | Calêndula francesa (*Tagetes patula* L.) cv. Pusa Arpita |
| | Gaillardia (*Gaillardia pulchela* Foug.) cv. Local |

**Número de Tratamentos (10)**

$T_1$ =Jasmim + calêndula africana (1:1)

$T_2$ =Jasmim + calêndula africana (1:2)

T3 =Jasmim + Calêndula (1:1)

T4 =Jasmim + calêndula (1:2)

T5 =Jasmim + Gaillardia (1:1)

T6 =Jasmim + Gaillardia (1:2)

T7 = Sola de jasmim

T8 = Sola de calêndula africana

T9 = Sola de calêndula

$T_{10}$ =Gaillardia sole

**Espaçamento: Cultura principal** 1,2 m x 1,2 m

**Culturas intercalares** Calêndula africana: 45 cm x 60 cm

Calêndula francesa: 45 cm x 30 cm

Gaillardia:   45 cm x 30 cm

**Quadro 3.2 Dimensão da parcela experimental**

| Tratamentos | Cultura principal | | Interculturas | |
|---|---|---|---|---|
| | Parcela bruta (m )$^2$ | Parcela líquida (m )$^2$ | Parcela bruta (m )$^2$ | Parcela líquida (m )$^2$ |
| Ti, T3, T5 | 7,8m x 7,2m | 4,8m x 4,8m | 7,8m x 7,2m | 4,8m x 4,8m |
| T2, T4, T6, | 7,2m x 7,2m | 4,8m x 4,8m | 7.2 mx 7.2m | 4,8m x 4,8m |
| T7 | 7,2m x 7,2m | 4,8m x 4,8m | - | - |
| T8, T9, T10 | - | - | 7,2m x 7,2m | 4,5m x 4,8m |

## 3.6 Tecnologia de produção

Os pormenores relativos às várias operações culturais efectuadas no decurso do inquérito são apresentados a seguir.

### 3.6.1 Jasmim

### 3.6.1.1 Preparação das parcelas experimentais

A experiência foi realizada em blocos aleatórios (RBD) com três repetições. A terra foi levada a uma terra fina por lavoura completa. Escavou-se uma cova de

30cm x 30cm x 30cm e misturou-se 1-5 kg de FYM bem apodrecido por parcela. As plantas saudáveis de jasmim (var. Baramasi) foram transplantadas em 18-112014 com um espaçamento de 1,2 m x 1,2 m.

### 3.6.1.2 Aplicação de estrumes e fertilizantes

As plantas receberam 240 g de azoto, 120 g de fósforo e 120 g de potássio por planta em quatro, duas e duas doses divididas, respetivamente. 25 por cento de N, 50 por cento de P e K

Plantação de jasmim

Plantação de culturas intercalares durante a segunda época

# Foto 1. Plantação da cultura principal (Jasmim) e das culturas intercalares

**Vista geral da primeira época de entressafra**

**Vista geral da segunda época de entressafra**
**Foto 2: Vista geral da parcela experimental**

foram aplicados 10 dias após o transplante em 1$^{st}$ dezembro, 25 % de N em 24$^{th}$ fevereiro, 25 % de N, 50 % de P e K em 10$^{th}$ junho e os restantes 25 % de N em 12$^{th}$ setembro. Os fertilizantes foram colocados a 20 cm de distância da base do caule à volta das plantas.

### 3.6.1.3 Operações de pós-tratamento

As práticas culturais normais, como a irrigação, a monda, a poda e as medidas de proteção das plantas, foram seguidas durante todo o período de crescimento da cultura. A monda manual foi efectuada sempre que necessário. A cultura foi irrigada em função do estado de humidade do solo, com um intervalo de 7 a 10 dias.

### 3.6.1.4 Colheita

As flores dos diferentes tratamentos, para efeitos de observação, foram colhidas diariamente por arrancamento manual a partir de 25-03-2015 e continuaram até ao final da experiência, tendo sido pesadas com a ajuda de uma balança yamato de pequenas dimensões.

### 3.6.2 Calêndula africana e calêndula francesa

### 3.6.2.1 Preparação do viveiro

Foram preparadas cuidadosamente camas de viveiro elevadas de 3,0 m x 1,0 m. As sementes foram semeadas a 24-10-2014 durante a estação *Rabi* de 2014-15 para a primeira estação de consociação, enquanto as sementes foram semeadas a 23-04-2015 para a segunda estação de consociação. As camas do viveiro foram mantidas sistematicamente até que as mudas estivessem prontas para o transplante.

### 3.6.2.2 Transplantação

As mudas saudáveis de altura e crescimento uniformes foram arrancadas da cama do viveiro e transplantadas em 19-112014 para a primeira estação de consorciação e para a segunda estação de consorciação as mudas foram transplantadas em 17-05-2015. O transplante foi efectuado simultaneamente em todas as parcelas. A irrigação leve foi dada após o transplante. O herbicida de pré-emergência (Pendimethalin) @ 60 ml/10lit foi aplicado após 24 horas de irrigação leve.

### 3.6.2.3 Aplicação de estrumes e fertilizantes

A dose recomendada de 160:150:150 kg/ha de NPK foi aplicada em duas fracções durante ambas as épocas de cultivo intercalar. 50 por cento de N e a dose completa de P e K no momento do transplante e os restantes 50 por cento de N foram aplicados 45 dias após o transplante. Os fertilizantes foram dados sob a forma de ureia, superfosfato simples e muriato de potássio, respetivamente.

### 3.6.2.4 Operações de pós-tratamento

O preenchimento das lacunas foi efectuado uma semana após a transplantação. O pinçamento foi efectuado quando as plantas atingiram 30 cm de altura. A parcela experimental foi mantida livre de ervas daninhas através de monda manual regular. A irrigação foi efectuada uma vez por semana durante todo o período de crescimento da cultura em ambas as épocas de consociação.

### 3.6.2.5 Colheita

As flores foram colhidas semanalmente, quando as espirais centrais das pétalas estavam completamente abertas. A colheita da flor para efeitos de observação da floração e da componente de rendimento foi efectuada de manhã cedo, antes das 10.00 horas, na fase totalmente aberta. Após a conclusão de ambas as épocas de culturas intercalares, a biomassa das culturas intercalares foi incorporada in-situ, decompondo-se e servindo de reservatório de nutrientes orgânicos.

### 3.6.3 Gaillardia

### 3.6.3.1 Preparação do viveiro

Foram preparadas cuidadosamente camas de viveiro elevadas. Em seguida, as sementes foram semeadas em 24-10-2014 durante a estação *Rabi* de 2014-15 para a primeira estação de consociação, enquanto as sementes foram semeadas em 23-042015 para a segunda estação de consociação. As camas de viveiro foram mantidas sistematicamente até as plântulas estarem prontas para serem transplantadas.

### 3.6.3.2 Transplantação

Plântulas saudáveis e uniformes com trinta dias de idade foram transplantadas a 20-11-2014 durante a primeira época de cultivo intercalar e as plântulas foram transplantadas a 18-05-2015 para a segunda época de cultivo intercalar. Foi dada uma irrigação ligeira após o transplante.

### 3.6.3.3 Aplicação de estrumes e fertilizantes

A dose recomendada de 150:100:150 kg NPK/ha foi aplicada em duas fracções durante ambas as épocas de cultivo intercalar. Metade da dose de N e a dose completa de P e K foram aplicadas no momento do transplante e a outra metade da dose de N foi aplicada 45 dias após o transplante. Os fertilizantes foram aplicados na forma de Ureia, Super Fosfato Simples e Muriato de Potássio para N, P e K, respetivamente. Pendimethalin como herbicida de pré-emergência @ 60 ml/10 litro de água foi aplicado após 24 horas de irrigação leve.

### 3.6.2.4 Operações de pós-tratamento

O preenchimento das lacunas foi efectuado uma semana após a transplantação. A monda manual regular foi feita para manter a parcela experimental livre de ervas daninhas. A irrigação foi feita uma vez por semana durante todo o período de crescimento da cultura, de acordo com o estado de humidade do solo.

**3.6.2.5 Colheita**

As flores foram colhidas em intervalos semanais, quando as espirais centrais das pétalas estavam completamente abertas. A colheita da flor para efeitos de observação da floração e da componente de rendimento foi efectuada de manhã cedo, antes das 10.00 horas, na fase totalmente aberta. Após a conclusão de ambas as épocas de cultura intercalar, a biomassa da cultura intercalar foi incorporada in-situ, decompondo-se e servindo de reservatório de nutrientes orgânicos.

**3.7 Observações registadas**

Cinco plantas seleccionadas aleatoriamente de uma parcela de rede foram utilizadas para registar todas as observações, exceto os componentes do rendimento.

**3.7.1 Jasmim**

**3.7.1.1 Altura da planta (cm)**

A altura da planta foi medida com uma fita métrica desde a base do caule ao nível do solo até ao ponto de crescimento da planta na altura da plantação da primeira época de culturas intercalares, no final da primeira época, na altura da plantação da segunda época de culturas intercalares e no final da experiência.

**3.7.1.2 Número de ramos por planta**

O número de ramos primários provenientes do caule principal e o número de ramos secundários provenientes dos ramos primários foram contados na altura da plantação da primeira estação de culturas intercalares, no final da primeira estação, na altura da plantação da segunda estação de culturas intercalares e no final da experiência, tendo sido calculada a média.

**3.7.1.3 Espalhamento da planta (cm)**

A dispersão horizontal máxima da planta foi medida nas direcções Norte-Sul e Este-Oeste, em centímetros, no momento da plantação da primeira época de culturas intercalares, no final da primeira época de culturas intercalares, no momento da plantação da segunda época de culturas intercalares e no final da experiência.

**3.7.1.4 Diâmetro do rebento (mm)**

Os botões foram seleccionados aleatoriamente das plantas marcadas e o seu diâmetro foi medido com a ajuda de um compasso de Vernier.

**3.7.1.5 Comprimento do rebento (cm)**

O comprimento do botão floral foi medido com a ajuda de um compasso de Vernier e o comprimento médio em centímetros foi calculado.

**3.7.1.6 Número de botões florais por planta**

O número de botões florais por planta foi registado em cada colheita e depois foi calculada a média.

### 3.7.1.7 Radiação fotossinteticamente ativa ( $\mu$ mol/$m^2$/$s^1$ ) e Temperatura da folha ( °C )

PAR ($\mu$mol/$m^2$/$s^1$ ) e temperatura da folha (°C) das folhas do dossel superior e médio do dossel da planta de jasmim foram medidos todos os dias às 10:30 da manhã de 65 a 75 dias após o transplante de ambas as estações de consórcio com a ajuda do aparelho de fotossíntese com analisador de $CO_2$ e o valor médio foi trabalhado.

### 3.7.1.8 Rendimento de flores (g/planta)

Os botões florais arrancados das plantas marcadas foram pesados numa balança Yamato em cada colheita e o peso total foi obtido através da soma do peso de todas as colheitas.

### 3.7.1.8 Rendimento floral (kg/parcela e t/ha)

Todos os botões de flores arrancados da parcela líquida (de acordo com o tratamento) foram pesados separadamente por tratamento. Com base no rendimento total da parcela líquida (kg/parcela), o rendimento por hectare foi calculado e expresso em toneladas.

### 3.7.2 Culturas intercalares

### 3.7.2.1 Altura da planta (cm)

A altura da planta foi medida desde o nível do solo até à ponta da planta no final das experiências durante as duas épocas de culturas intercalares e foi expressa em centímetros.

### 3.7.2.2 N.º de ramos por planta

O número de ramos primários e secundários na fase final da colheita foi contado durante as duas épocas de cultivo intercalar de cada planta e a média foi calculada.

### 3.7.2.3 Espalhamento da planta (cm)

Em ambas as épocas de cultura intercalar, no momento da colheita final, foi medido e expresso em centímetros o máximo espalhamento horizontal da planta nas direcções Norte-Sul e Este-Oeste.

### 3.7.2.4 Número de dias para o início do primeiro botão floral

O número de dias necessários para o aparecimento do primeiro botão de flor foi registado através da contagem dos dias desde a data de transplante até ao início do primeiro botão de flor na parcela durante as duas épocas de culturas intercalares.

### 3.7.2.5 Diâmetro da flor (mm)

As flores totalmente abertas foram seleccionadas aleatoriamente das plantas marcadas e o seu diâmetro foi medido com a ajuda de um compasso de Vernier durante as duas épocas de cultivo intercalar.

### 3.7.2.6 Número de flores por planta

Durante as duas épocas de cultivo intercalar, o número total de flores por planta foi registado em 5 plantas/parcela seleccionadas ao acaso. Foi calculado o número médio de flores por planta.

### 3.7.2.7 Rendimento floral

Depois de registar o número de flores por planta em função do tratamento, todas as flores foram pesadas separadamente. O peso das flores das plantas etiquetadas foi adicionado a este peso para obter o rendimento líquido da parcela (kg/parcela). Com base no rendimento líquido total da parcela, o rendimento por hectare foi calculado e expresso em toneladas.

### 3.8 Incidência de pragas e doenças

Durante o decurso da experiência, as parcelas foram inspeccionadas para verificar a incidência de pragas e doenças. De acordo com as sugestões dadas pelo especialista na matéria, foram aplicadas medidas de proteção das plantas.

### 3.9 Rácio de equivalência do terreno

O rácio de equivalência de terra denota a área relativa de terra sob culturas únicas que é necessária para produzir o mesmo rendimento obtido sob o sistema de culturas intercalares ao mesmo nível de gestão (Willey, 1979). É calculado pela seguinte fórmula (Willey e Orisu, 1972).

**LER = Yij/Yii + Yji / Yjj**

Onde, Yij e Yji = rendimentos das culturas "i" e "j", respetivamente, no sistema de culturas intercalares a partir de uma unidade de superfície; e

Yii e Yjj = rendimento dos povoamentos puros das culturas "i" e "j", respetivamente.

### 3.10 Rendimento equivalente

O rendimento das culturas intercalares foi convertido em termos do rendimento da cultura principal. O rendimento equivalente de jasmim (JEY) para todos os tratamentos foi calculado pela seguinte fórmula sugerida por Anjeneyulu *et al.* (1985).

$$JEY = \frac{Y_0 + (Y_1 \times P_1)}{P_0}$$

Onde,

$Y_0$ = Rendimento do jasmim, $Y_1$ = Rendimento da cultura intercalar

$P_0$ = preço de venda do jasmim, $P_1$ = preço de venda da cultura intercalar

### 3.11 Análise estatística

Os dados recolhidos para todos os caracteres envolvidos no estudo foram submetidos a um exame estatístico (análise) para uma interpretação correcta. Para a cultura principal, foi utilizado o método padrão de análise da técnica de variância adequada ao Randomized Block Design (RBD), tal como descrito por

Panse e Sukhatme (1978). Para comparar as culturas intercalares com as suas culturas únicas, foi utilizado o teste t com um nível de significância de cinco por cento (Chandel, 1991).

### 3.12 Economia

A economia do sistema de culturas intercalares foi calculada tendo em conta os preços de mercado prevalecentes para os diferentes factores de produção e produtos. O custo total de produção foi calculado tendo em conta os preços dos materiais de plantação, fertilizantes, mão de obra empregada e outros factores de produção diversos. O rendimento bruto em termos de Rs. por ha foi calculado com base no rendimento principal de cada tratamento, tendo em conta o preço de mercado em vigor. O rendimento líquido foi obtido reduzindo o custo de cultivo do rendimento bruto por ha. O rácio custo-benefício (BCR) foi também calculado utilizando a seguinte fórmula:

$$\text{BCR} = \frac{\textbf{Rendimento líquido (Rs/ha)}}{\textbf{Custo total de cultivo (Rs/ha)}}$$

## 4. RESULTADOS EXPERIMENTAIS

O presente estudo, intitulado **"Intercropping of annual flowers in *Jasminum sambac* L."**, foi realizado na Floriculture Research Farm, ASPEE College of Horticulture and Forestry, N.A.U., Navsari, durante o ano de 2014-15, com o objetivo de estudar o efeito do sistema de intercalação no jasmim, bem como nas culturas intercalares. Os resultados obtidos na experiência foram submetidos a uma análise estatística e as inferências estatísticas são apresentadas neste capítulo sob os seguintes títulos principais.

**4.1** Efeito do sistema de culturas intercalares no crescimento, floração e rendimento de *Jasminum sambac* L.

**4.2** Efeito do sistema de culturas intercalares no crescimento, floração e rendimento das culturas intercalares

**4.3** Efeito do sistema de culturas intercalares no estado nutricional do solo

**4.4** Efeito do sistema de culturas intercalares no rendimento equivalente

**4.5** Efeito do sistema de culturas intercalares no rácio de equivalência da terra (LER) 4.6 Economia

**4.6 Efeito do sistema de culturas intercalares no crescimento e rendimento do jasmim**

**4.1.1 Altura da planta de jasmim (cm)**

Os dados sobre o efeito das culturas intercalares na altura das plantas de jasmim são apresentados no Quadro 4.1 e representados graficamente na Fig. 4.1. Na altura da plantação da primeira época de culturas intercalares, a planta

**Quadro 4.1 Efeito de diferentes culturas intercalares na altura das plantas de jasmim**

| Tratamentos | Altura da planta (cm) | | | |
|---|---|---|---|---|
| | Aquando da plantação da primeira época de culturas intercalares | No final da primeira época de culturas intercalares | Aquando da plantação da segunda época de culturas intercalares | No final da experiência |
| Ti=Jasmim + calêndula africana (1:1) | 25.33 | 62.76 | 69.77 | 102.97 |
| Ti=Jasmim + calêndula africana (1:2) | 31.83 | 60.38 | 66.20 | 96.47 |
| Ta=Jasmim + Calêndula (1:1) | 32.67 | 59.19 | 65.83 | 100.97 |

| T4=Jasmim + calêndula (1:2) | 27.60 | 55.78 | 61.80 | 98.53 |
|---|---|---|---|---|
| Ts=Jasmim + Gaillardia (1:1) | 29.17 | 46.18 | 52.53 | 90.17 |
| T6=Jasmim + Gaillardia (1:2) | 28.50 | 48.07 | 51.20 | 80.40 |
| T7= Sola de jasmim | 27.73 | 63.73 | 73.50 | 104.93 |
| S.Em.± | 1.75 | 3.27 | 3.80 | 5.18 |
| C.D. a 5 % | NS | 10.07 | 11.70 | 12.49 |
| C. V. % | 10.44 | 10.00 | 10.44 | 9.15 |

**Figura 4.1: Efeito de diferentes sistemas de culturas intercalares na altura das plantas de jasmim**

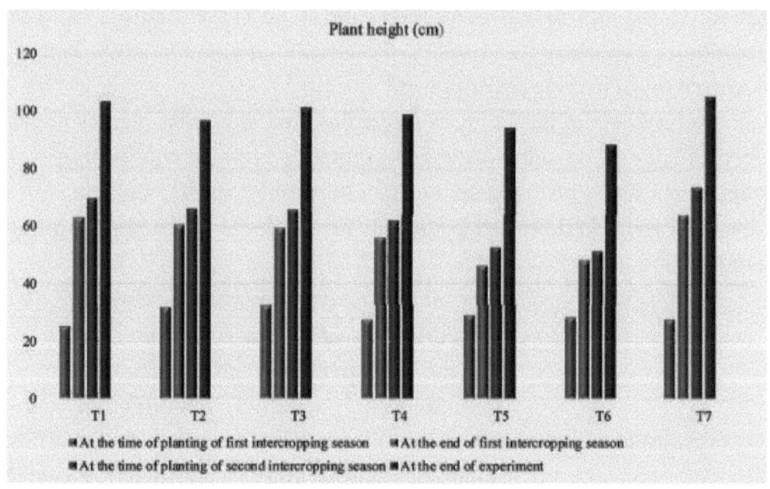


altura do jasmim foi considerada não significativa. É evidente a partir do Quadro 4.1 que a cultura intercalar mostrou um efeito significativo na altura das plantas no final da primeira época de cultura intercalar, na plantação da segunda época de cultura intercalar e no final da experiência. Foi registada uma altura máxima significativa das plantas (63,73 cm, 73,50 cm e 104,93 cm) no tratamento T7

34

(sola de jasmim) no final da primeira época de culturas intercalares, na altura da plantação da segunda época de culturas intercalares e no final da experiência, respetivamente. Relativamente à altura da planta, o tratamento T7 foi igual ao tratamento T1, T2, T3 e T4 nas três fases.

### 4.1.2 Número de ramos por planta

### 4.1.2.1 Ramos primários

Os dados relativos ao efeito do sistema de culturas intercalares no número de ramos primários por planta são apresentados no Quadro 4.2 e representados graficamente na Fig. 4.2.

Na altura da plantação da primeira época de culturas intercalares, o número de ramos primários não foi significativo. O número de ramos primários por planta diferiu significativamente devido à cultura intercalar em todas as fases de crescimento. No final da primeira época de culturas intercalares, registou-se um número significativamente mais elevado de ramos primários em T7 (9,60), que se verificou estar no mesmo nível de T3, T4, T1 e T2. O menor número de ramos primários foi registado em T6 (6,40). No momento do plantio da segunda estação de consorciação e no final do experimento, também foi registrado o máximo de T7 (10,53 e 11,95, respetivamente), que

**Quadro 4.2 Efeito de diferentes sistemas de culturas intercalares no número de ramos primários do jasmim**

| Tratamentos | Ramos primários | | | |
| --- | --- | --- | --- | --- |
| | Aquando da plantação da primeira época de culturas intercalares | No final da primeira época de culturas intercalares | Aquando da plantação da segunda época de culturas intercalares | No final da experiência |
| Ti=Jasmim + calêndula africana (1:1) | 1.87 | 7.87 | 9.50 | 11.22 |
| Ti=Jasmim + calêndula africana (1:2) | 2.20 | 8.20 | 9.33 | 10.66 |
| Ta=Jasmim + Calêndula (1:1) | 2.47 | 9.13 | 9.97 | 11.88 |
| T4=Jasmim + calêndula (1:2) | 2.33 | 8.33 | 9.70 | 10.39 |
| Ts=Jasmim + Gaillardia (1:1) | 1.87 | 6.47 | 7.53 | 8.40 |
| T6=Jasmim + Gaillardia | 2.03 | 6.40 | 7.10 | 8.32 |

| (1:2) | | | | |
|---|---|---|---|---|
| T7= Sola de jasmim | 2.13 | 9.60 | 10.53 | 11.95 |
| S.Em.± | 0.33 | 0.59 | 0.33 | 0.65 |
| C.D. a 5 % | NS | 1.83 | 1.02 | 2.01 |
| C. V. % | 26.81 | 12.83 | 6.28 | 10.87 |

**Figura 4.2: Efeito dos sistemas de culturas intercalares no número de ramos primários do jasmim**

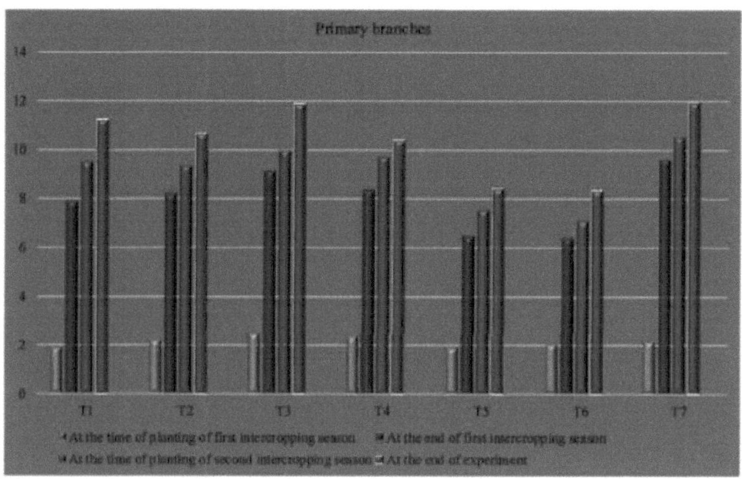


foi igual a T3 e T4 no momento do plantio da segunda estação de consórcio, bem como com T1, T2, T3 e T4 no final do experimento.

## 4.1.2.2 Ramos secundários

A influência de diferentes sistemas de consórcio no número de ramos secundários por planta em diferentes estágios de crescimento da planta é apresentada na Tabela 4.3 e representada graficamente na Fig. 4.3. O resultado foi considerado não significativo no momento do plantio da primeira estação de consorciação. No final da primeira estação, no momento do plantio da segunda estação e no final da experiência, foi considerado significativo. O número máximo significativo de ramos secundários foi registado em T7 (27.07, 33.29 e 38.20, respetivamente) que estava a par com T1, T3 e T4 no fim da primeira época, com T3 e T4 na altura da plantação da segunda época e com T1,T2, T3 assim como T4 no fim da experiência.

## 4.1.3 Propagação de plantas de jasmim

## 4.1.3.1 Dispersão N-S (cm)

Os dados registados relativamente ao efeito da cultura intercalar na dispersão

das plantas (N-S) são apresentados no Quadro 4.4 e ilustrados na Fig. 4.4. No plantio da primeira estação e no final da experiência, o valor mais alto foi registado em T7 (jasmim único) 16,67cm e 91,17cm, respetivamente, embora o resultado tenha sido considerado não significativo.
Os diferentes sistemas de culturas intercalares influenciaram significativamente

Quadro 4.3 Efeito de diferentes sistemas de culturas intercalares no número de ramos secundários do jasmim

| Tratamentos | Ramos secundários | | | |
|---|---|---|---|---|
| | Aquando da plantação da primeira época de culturas intercalares | No final da primeira época de culturas intercalares | Aquando da plantação da segunda época de culturas intercalares | No final da experiência |
| Ti=Jasmim + calêndula africana (1:1) | 3.10 | 23.07 | 28.37 | 37.00 |
| T2=Jasmim + calêndula africana (1:2) | 3.40 | 22.73 | 27.96 | 34.67 |
| T3=Jasmim + Calêndula (1:1) | 3.40 | 25.67 | 31.57 | 36.73 |
| T4=Jasmim + calêndula (1:2) | 3.37 | 24.20 | 29.76 | 35.13 |
| Ts=Jasmim + Gaillardia (1:1) | 3.07 | 20.47 | 25.17 | 32.60 |
| Te=Jasmim + Gaillardia (1:2) | 2.73 | 20.20 | 24.84 | 32.03 |
| T7= Sola de jasmim | 2.87 | 27.07 | 33.29 | 38.30 |
| S.Em.± | 0.56 | 1.31 | 1.48 | 1.20 |
| C.D. a 5 % | NS | 4.05 | 4.55 | 3.71 |
| C. V. % | 30.83 | 9.75 | 8.91 | 5.92 |

**Figura 4.3: Efeito de diferentes sistemas de culturas intercalares no número de ramos secundários do jasmim**

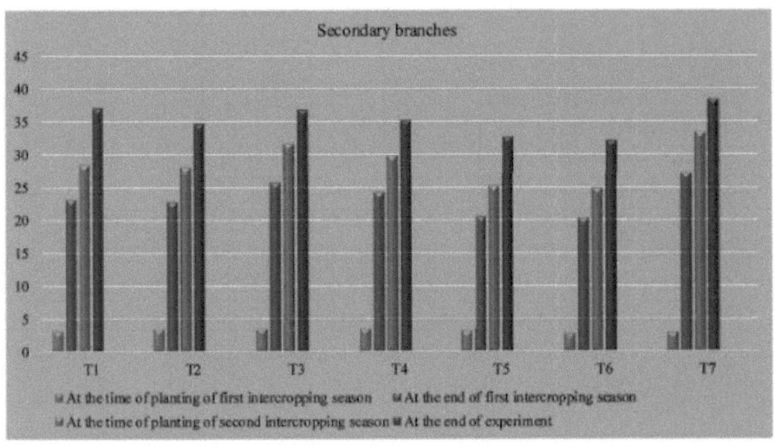


Secondary branches
45
40
35
30
25
20
15
10
5
0
T1
T2
T3
T4
T5
T6
T7
At the time of planting of first intercropping season
At the end of first intercropping season
At the time of planting of second intercropping season
At the end of experiment

**Quadro 4.4 Efeito de diferentes sistemas de culturas intercalares na dispersão N-S das plantas de jasmim**

| Tratamentos | Espalhamento das plantas N-S (cm) | | | |
|---|---|---|---|---|
| | Aquando da plantação da primeira época de culturas intercalares | No final da primeira época de culturas intercalares | Aquando da plantação da segunda época de culturas intercalares | No final da experiência |
| Ti=Jasmim + calêndula africana (1:1) | 15.43 | 46.07 | 63.47 | 81.90 |
| Ti=Jasmim + calêndula africana (1:2) | 16.03 | 42.80 | 59.50 | 78.93 |
| Ta=Jasmim + Calêndula (1:1) | 16.70 | 47.07 | 65.07 | 84.13 |
| T4=Jasmim + calêndula (1:2) | 16.33 | 43.40 | 58.38 | 82.30 |
| Ts=Jasmim + Gaillardia (1:1) | 16.37 | 37.87 | 54.37 | 77.17 |
| T6=Jasmim + Gaillardia (1:2) | 17.27 | 36.33 | 51.47 | 74.90 |
| T7= Sola de jasmim | 16.67 | 51.80 | 73.30 | 91.17 |
| S.Em.± | 1.09 | 2.90 | 3.85 | 4.50 |
| C.D. a 5 % | NS | 9.01 | 11.85 | NS |
| C. V. % | 11.50 | 11.61 | 10.96 | 9.56 |

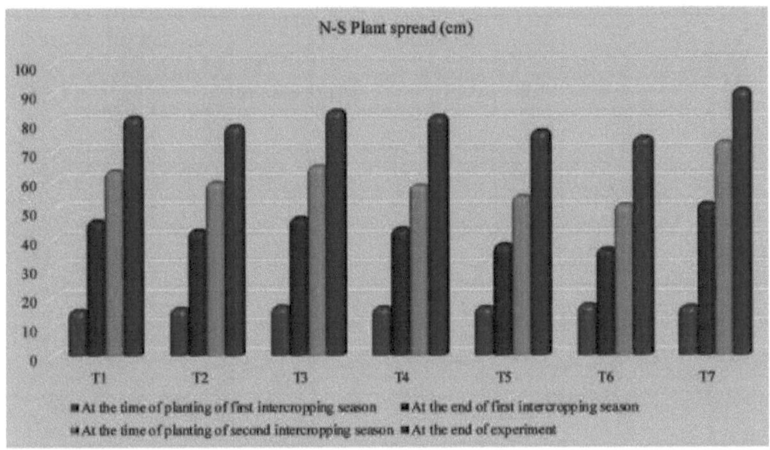


A propagação das plantas no final da primeira época e na plantação da segunda
época. O tratamento T7 de jasmim solitário registou uma propagação de plantas
significativamente mais elevada, a par de $T_1$, $T_2$, T3 e T4 no final da primeira
época de consociação, bem como de $T_1$ e T3 na altura da plantação da segunda
época de consociação.

## 4.1.3.2 Dispersão E-W (cm)

Os dados relativos à propagação da planta na direção E-W do jasmim,
influenciada por diferentes sistemas de culturas intercalares, são apresentados no
quadro 4.5 e graficamente na Fig. 4.5.

A dispersão das plantas na direção E-W foi considerada não significativa na
altura da plantação da primeira época de culturas intercalares. Foi
significativamente influenciada pelos sistemas de culturas intercalares no final
da primeira época de culturas intercalares, na altura da plantação da segunda
época de culturas intercalares e no final da experiência. A maior dispersão de
plantas foi registada em T7 (49,67cm, 71,77cm e 86,60cm, respetivamente), que

foi estatisticamente igual a $T_1$ e T3 nas três fases. T4 também foi encontrado a par no momento do plantio da segunda estação de cultivo intercalar, enquanto $T_2$ e T4 também foram encontrados na mesma barra no final do experimento.

**4.1.4 Diâmetro do botão floral (mm)**

A variação no diâmetro do botão floral não foi significativamente influenciada pela cultura intercalar aos 75 dias após o transplante da primeira época de cultura intercalar e aos 75 dias após o transplante da segunda época de cultura intercalar (Quadro 4.6). No entanto, o diâmetro máximo (9,51mm e 9,53mm) foi registado com a

**Quadro 4.5 Efeito de diferentes sistemas de culturas intercalares na dispersão E-W das plantas de jasmim**

| Tratamentos | Espalhamento das plantas E-W (cm) | | | |
| --- | --- | --- | --- | --- |
| | Aquando da plantação da primeira época de culturas intercalares | No final da primeira época de culturas intercalares | Aquando da plantação da segunda época de culturas intercalares | No final da experiência |
| Ti=Jasmim + calêndula africana (1:1) | 13.66 | 43.47 | 64.43 | 79.43 |
| Ti=Jasmim + calêndula africana (1:2) | 15.07 | 40.27 | 60.30 | 76.97 |
| Ta=Jasmim + Calêndula (1:1) | 15.87 | 45.10 | 65.57 | 82.13 |
| T4=Jasmim + calêndula (1:2) | 16.53 | 42.07 | 57.97 | 80.67 |
| Ts=Jasmim + Gaillardia (1:1) | 15.80 | 37.13 | 58.50 | 72.83 |
| T6=Jasmim + Gaillardia (1:2) | 16.33 | 34.13 | 56.00 | 66.80 |
| T7= Sola de jasmim | 14.00 | 49.67 | 71.77 | 86.60 |
| S.Em.± | 1.48 | 2.97 | 3.12 | 3.38 |
| C.D. a 5 % | NS | 9.14 | 9.63 | 10.42 |
| C. V. % | 16.75 | 12.33 | 8.72 | 7.52 |

**Figura 4.5: Efeito de diferentes sistemas de culturas intercalares na propagação E-W das plantas de jasmim**

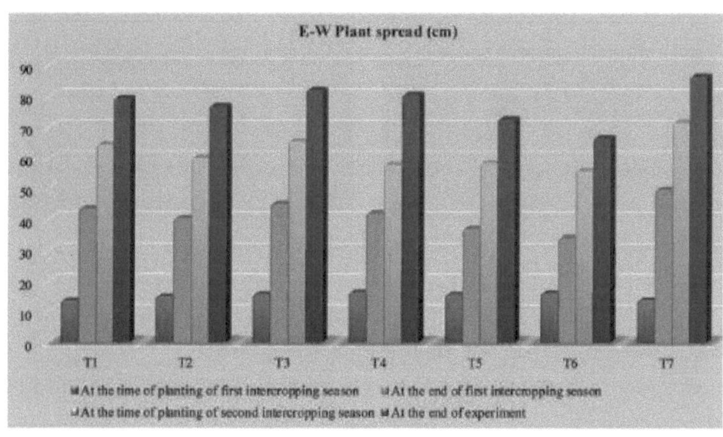

T2 (Jasmim + calêndula africana 1:2) T4 (Jasmim + calêndula francesa 1:2)

T6 (Jasmim + Gaillardia 1:2) T7 (Apenas Jasmim)

tratamento T1, ou seja, jasmim com calêndula africana (1:1) durante a primeira e a segunda época de culturas intercalares, respetivamente.

**Quadro 4.6 Efeito de diferentes sistemas de culturas intercalares no rebento diâmetro do jasmim**

| Tratamentos | Diâmetro do botão floral (mm) | |
|---|---|---|
| | Aos 75 DATP da primeira época de culturas intercalares | Aos 75 DATP da segunda época de consociação |
| Ti=Jasmim + calêndula africana (1:1) | 9.51 | 9.53 |
| T2=Jasmim + calêndula africana (1:2) | 9.39 | 9.42 |
| T3=Jasmim + calêndula (1:1) | 9.20 | 9.23 |
| T4=Jasmim + calêndula (1:2) | 9.11 | 9.16 |
| T5=Jasmim + Gaillardia (1:1) | 9.21 | 9.27 |
| T6=Jasmim + Gaillardia (1:2) | 8.59 | 8.58 |
| T7= Sola de jasmim | 9.33 | 9.34 |
| S.Em.± | 0.18 | 0.20 |
| C.D. a 5 % | NS | NS |
| C.V.% | 3.46 | 3.69 |

### 4.1.5 Comprimento do rebento (cm)

Os dados sobre o comprimento do botão não foram significativamente influenciados pelo sistema de cultivo intercalar aos 75 dias após o transplante de ambas as épocas de cultivo intercalar (Tabela 4.7). No entanto, o botão mais longo do jasmim (1,18cm) foi observado no tratamento T3 (Jasmim + calêndula francesa 1:1) aos 75 DATP da primeira época e (1,26cm) no T2 (Jasmim + calêndula africana 1:2) aos 75 DATP da segunda cultura intercalar.

**Quadro 4.7 Efeito de diferentes sistemas de culturas intercalares no comprimento do rebento do jasmim**

| Tratamentos | Comprimento do rebento (cm) | |
|---|---|---|
| | Aos 75 DATP da primeira época de culturas intercalares | Aos 75 DATP da segunda época de consociação |
| T1=Jasmim + calêndula africana (1:1) | 1.11 | 1.22 |
| T2=Jasmim + calêndula africana (1:2) | 1.16 | 1.26 |
| T3=Jasmim + Calêndula (1:1) | 1.18 | 1.25 |
| T4=Jasmim + calêndula (1:2) | 1.15 | 1.15 |
| T5=Jasmim + Gaillardia (1:1) | 1.12 | 1.18 |
| Te=Jasmim + Gaillardia (1:2) | 1.13 | 1.22 |
| T7= Sola de jasmim | 1.16 | 1.23 |
| S.Em.± | 0.05 | 0.05 |
| C.D. a 5 % | NS | NS |
| C.V.% | 7.22 | 6.57 |

## 4.1.6 Radiação fotossinteticamente ativa ( $\mu$ mol/m$^2$/s )[1]

Os dados relativos ao efeito da cultura intercalar no PAR do jasmim são apresentados no Quadro 4.8. Durante a primeira época de consorciação, foi considerado não significativo na copa superior e média da planta de jasmim. Enquanto que durante a segunda época de culturas intercalares, a PAR máxima (1446.27 $\mu$ mol/m$^2$/s[1] e 1352.51 $\mu$mol/m$^2$ /sl) da copa superior e média foi registada no tratamento T7 (Jasmim sola) que foi encontrado na mesma barra com T1, T3 e T5.

**Quadro 4.8 Efeito de diferentes sistemas de culturas intercalares na PAR (radiação fotossinteticamente ativa) do jasmim**

| Tratamentos | PAR ($\mu$mol/m$^2$/s )[1] | | | |
|---|---|---|---|---|
| | Primeira temporada | | Segunda temporada | |
| | Na copa das árvores superior | No meio cobertura | Na copa das árvores superior | No meio cobertura |
| Ti=Jasmim + calêndula africana (1:1) | 1417.19 | 1367.78 | 1411.76 | 1316.02 |
| Ti=Jasmim + calêndula africana (1:2) | 1421.69 | 1372.79 | 1365.49 | 1264.07 |
| Ta=Jasmim + Calêndula (1:1) | 1419.72 | 1369.68 | 1405.66 | 1319.05 |
| T4=Jasmim + calêndula (1:2) | 1422.26 | 1372.44 | 1366.02 | 1265.83 |
| Ts=Jasmim + Gaillardia (1:1) | 1416.26 | 1366.11 | 1392.63 | 1293.91 |
| T6=Jasmim + Gaillardia (1:2) | 1405.66 | 1353.86 | 1360.44 | 1220.18 |
| T7= Sola de jasmim | 1442.73 | 1374.16 | 1446.27 | 1332.51 |
| S.Em.± | 83.00 | 68.88 | 17.98 | 20.89 |
| C.D. a 5 % | NS | NS | 55.40 | 64.37 |

| C. V. % | 10.12 | 8.72 | 2.24 | 2.81 |
|---|---|---|---|---|

**Quadro 4.9 Efeito de diferentes sistemas de culturas intercalares na temperatura foliar do jasmim**

| Tratamentos | Temperatura da folha ($^{o}$ C) | | | |
|---|---|---|---|---|
| | Primeira temporada | | Segunda temporada | |
| | Na copa das árvores superior | No meio cobertura | Na copa das árvores superior | No meio cobertura |
| Ti=Jasmim + calêndula africana (1:1) | 27.91 | 23.93 | 27.61 | 23.62 |
| Ti=Jasmim + calêndula africana (1:2) | 27.05 | 23.07 | 25.40 | 21.42 |
| Ta=Jasmim + Calêndula (1:1) | 28.28 | 24.30 | 28.10 | 24.12 |
| T4=Jasmim + calêndula (1:2) | 27.15 | 23.16 | 26.58 | 22.60 |
| Ts=Jasmim + Gaillardia (1:1) | 27.21 | 23.24 | 26.40 | 22.38 |
| T6=Jasmim + Gaillardia (1:2) | 26.53 | 22.55 | 23.75 | 20.05 |
| T7= Sola de jasmim | 28.88 | 24.90 | 29.02 | 24.67 |
| S.Em.± | 1.20 | 1.19 | 0.88 | 0.75 |
| C.D. a 5 % | NS | NS | 2.70 | 2.30 |
| C. V. % | 7.52 | 8.72 | 5.68 | 5.69 |

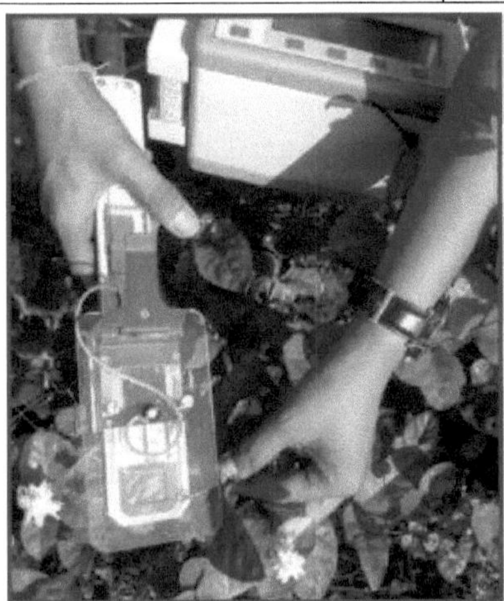

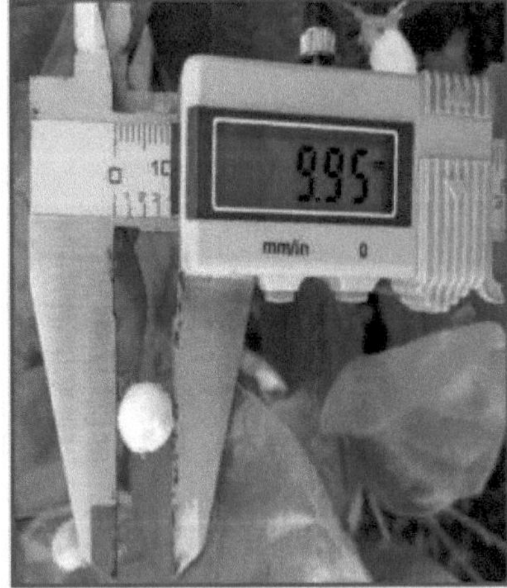

Medição doMedição    do diâmetro do gomo
Temperatura da folha e PAR

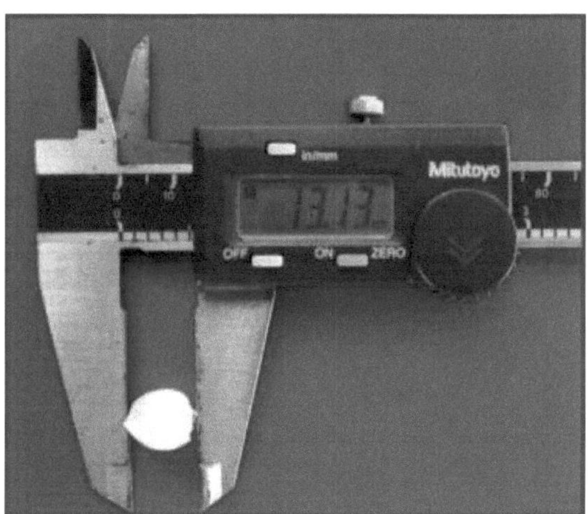
Medição do comprimento dos gomos

## Placa 4. Fotografia que mostra a medição da temperatura da folha, PAR (radiação fotossinteticamente ativa), diâmetro do botão e comprimento do botão do jasmim

### 4.1.7 Temperatura da folha (°C)

A influência de diferentes sistemas de cultivo intercalar na temperatura da folha do jasmim é apresentada no Quadro 4.9. Os dados mostraram um efeito não significativo durante a primeira época de culturas intercalares na copa superior e média da planta, enquanto que durante a segunda época de culturas intercalares foi registada uma temperatura máxima da folha (29,02 °C e 24,67 °C) no tratamento T7 (jasmim único) e foi considerado igual a $T_1$, T3, T4 e T5 na copa superior e média da planta, respetivamente.

### 4.1.8 Rendimento do jasmim (g/planta)

Os resultados obtidos sobre a produção de flores (g/planta) em diferentes tratamentos de culturas intercalares de jasmim são apresentados no Quadro 4.10. Durante a primeira época de culturas intercalares, obteve-se um rendimento mais elevado (46,27 g/planta) com a cultura única, mas não foi considerado significativo, enquanto na segunda época de culturas intercalares se observou uma variação significativa em termos de rendimento. O rendimento máximo significativo foi obtido a partir de jasmim único (124,79 g/planta), que foi encontrado na mesma barra com T3 Jasmim + calêndula francesa 1:1 (120,39 g/planta). Após a conclusão da primeira época de culturas intercalares e antes do plantio da segunda época de culturas intercalares, o maior rendimento foi registado no jasmim simples (245,87 g/planta). Em termos de rendimento total, o maior rendimento também foi obtido com o jasmim (416,97 g/planta).

### 4.1.7 Rendimento do jasmim (kg/parcela e t/ha)

Os dados apresentados no quadro 4.11 revelam claramente que

**Quadro 4.10 Efeito de diferentes flores anuais como culturas intercalares no rendimento (g/planta) de jasmim**

| Tratamentos | Rendimento (g/planta) | | | Total g/planta |
|---|---|---|---|---|
| | Durante a primeira época de culturas intercalares | Antes da plantação da segunda época | Durante a segunda época de culturas intercalares | |
| Ti | 40.83 | 221.10 | 111.98 | 373.93 |
| $T_2$ | 37.49 | 200.06 | 96.89 | 334.54 |
| $T_3$ | 42.04 | 232.13 | 120.39 | 395.25 |
| $T_4$ | 39.27 | 214.57 | 110.74 | 364.67 |
| $T_5$ | 40.04 | 191.59 | 102.40 | 334.05 |
| $T_6$ | 37.27 | 175.00 | 93.80 | 306.4 |
| $T_7$ | 46.27 | 245.87 | 124.79 | 416.97 |
| S.Em.± | 2.34 | 4.73 | 5.27 | 6.04 |
| C.D. a 5 % | NS | 14.57 | 16.24 | 18.61 |
| C. V. % | 10.03 | 3.87 | 8.40 | 2.90 |

**Tabela 4.11 Efeito de diferentes flores anuais como culturas intercalares no rendimento (t/ha) de jasmim**

| Tratamentos | Rendimento (kg/parcela) | | | Total (kg/parcela) | Rendimento (t/ha) | | | Total (Rendimento t/ha) |
|---|---|---|---|---|---|---|---|---|
| | Durante a primeira época de culturas intercalares | Antes da plantação da segunda época | Durante a segunda época de culturas intercalares | | Durante a primeira época de culturas intercalares | Antes da plantação da segunda época | Durante a segunda época de culturas intercalares | |
| Ti | 0.57 | 3.46 | 1.72 | 5.75 | 0.25 | 1.50 | 0.75 | 2.50 |
| $T_2$ | 0.53 | 3.10 | 1.54 | 5.17 | 0.23 | 1.35 | 0.67 | 2.24 |
| $T_3$ | 0.59 | 3.68 | 1.83 | 6.11 | 0.26 | 1.60 | 0.80 | 2.65 |
| $T_4$ | 0.56 | 3.39 | 1.68 | 5.63 | 0.24 | 1.47 | 0.73 | 2.44 |
| $T_5$ | 0.54 | 3.17 | 1.57 | 5.28 | 0.23 | 1.38 | 0.68 | 2.29 |
| $T_6$ | 0.51 | 2.88 | 1.43 | 4.82 | 0.22 | 1.25 | 0.62 | 2.09 |
| $T_7$ | 0.62 | 3.90 | 1.94 | 6.46 | 0.27 | 1.69 | 0.84 | 2.80 |
| S.Em.± | 0.03 | 0.19 | 0.10 | 0.30 | 0.01 | 0.08 | 0.04 | 0.13 |
| C.D. a 5 % | NS | 0.59 | 0.33 | 0.93 | NS | 0.25 | 0.14 | 0.40 |
| C. V. % | 10.39 | 9.97 | 11.30 | 9.37 | 10.39 | 9.97 | 11.30 | 9.37 |

**Figura 4.6: Efeito de diferentes flores anuais como culturas intercalares no rendimento do jasmim**

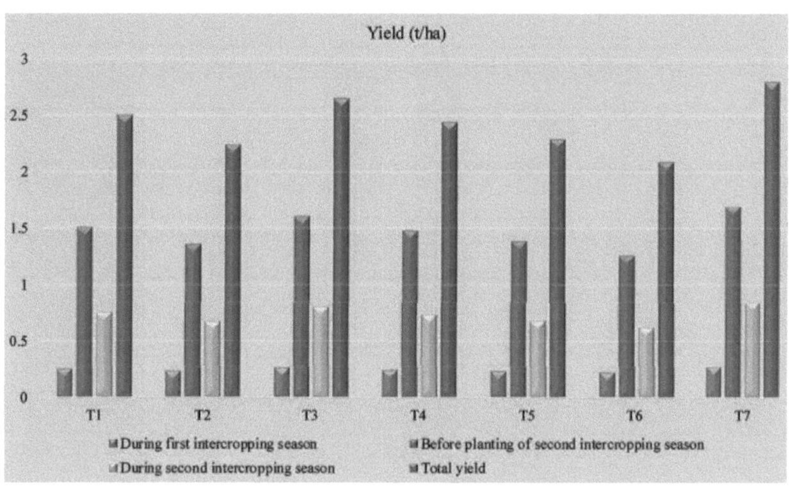

**T₁ (Jasmim + calêndula africana 1:1) T₂ (Jasmim + calêndula africana 1:2)**

T₃ (Jasmim + Calêndula 1:1) T₄ (Jasmim + Calêndula 1:2)

T₇ (Sole Jasmine)

**Foto 5. Comparação dos diferentes tratamentos na primeira época de consociação**

T₁ (Jasmim + calêndula africana 1:1) T₂ (Jasmim + calêndula africana 1:2)

**T3 (jasmim + calêndula 1:1) T4 (jasmim + calêndula 1:2)**

**T5 (Jasmim + Gaillardia 1:1) T7 (Apenas Jasmim)**

## Foto 6. Comparação dos diferentes tratamentos na segunda época de culturas intercalares

O rendimento do jasmim por parcela e por hectare foi influenciado por diferentes combinações de tratamentos de culturas intercalares. Nenhuma das culturas intercalares teve um efeito significativo no rendimento do jasmim durante a primeira época de culturas intercalares. Durante a segunda época de culturas intercalares, foi registada uma produção significativamente mais elevada no tratamento T7 de jasmim sola (1,94 kg/parcela e 0,84 t/ha), que foi estatisticamente igual a $T_1$, T3 e $T_4$. Antes da plantação da segunda época de culturas intercalares, também se registou um rendimento mais elevado do jasmim único (3,90 kg/parcela e 1,69 t/ha).

**4.2 Efeito do sistema de culturas intercalares no crescimento, floração e rendimento das culturas intercalares**

**4.2.1 Calêndula africana**

A calêndula africana como cultura intercalar apresentou uma variação de lâmina durante a primeira e a segunda épocas de cultura intercalar. Os dados relativos ao crescimento, floração e rendimento da calêndula africana são apresentados nos quadros 4.12 e 4.13, respetivamente.

**4.2.1.1 Parâmetros de crescimento e rendimento durante a primeira época de culturas intercalares**

Com base no valor do teste t, os resultados de todos os parâmetros foram considerados não significativos durante a primeira estação de cultivo intercalar. Enquanto a produção de flores foi registada no máximo no tratamento T8 só com calêndula africana (28,68 kg/parcela e 13,28 t/ha) seguido pelo tratamento $T_{2}$i.e. Jasmim + calêndula africana 1:2 (20,98 kg/parcela e 9,11t/ha) e tratamento $T_{1}$ Jasmim + calêndula africana 1:1

**Quadro 4.12 Comparação das características de crescimento, floração e rendimento da calêndula-africana em cultura única, jasmim + calêndula-africana 1:1 e jasmim + calêndula-africana 1:2 durante a primeira época de culturas intercalares**

| Treatments | Parameters | | | | | | | | | |
| --- | --- | --- | --- | --- | --- | --- | --- | --- | --- | --- |
| | Plant height (cm) | No. of branches per plant | Plant spread | | No. of days taken for first flower bud initiation | Flower size (mm) | No. of flowers per plant | Crop duration | Yield (kg/plot) | Yield (t/ha) |
| | | | (N-S) (cm) | (E-W) (cm) | | | | | | |
| $T_3$ (sole African marigold) | 85.24 | 24.60 | 60.57 | 45.64 | 46.80 | 63.06 | 70.06 | 100.46 | 28.68 | 13.28 |
| $T_1$ (Jasmine + African marigold 1:1) | 83.90 | 23.73 | 59.44 | 44.69 | 47.50 | 62.76 | 69.33 | 102.00 | 12.35 | 4.95 |
| $T_2$ (Jasmine + African marigold 1:2) | 83.16 | 22.40 | 58.20 | 43.84 | 48.13 | 60.38 | 67.73 | 101.20 | 20.98 | 9.11 |
| t test | | | | | | | | | | |
| $T_3$ and $T_1$ — t value | 0.938 | 0.690 | 1.446 | 1.258 | -1.177 | 0.128 | 1.361 | -2.096 | - | - |
| $T_3$ and $T_1$ — Test of significance | NS | NS | NS | NS | NS | NS | NS | NS | - | - |
| $T_3$ and $T_2$ — t value | 1.951 | 1.384 | 1.646 | 1.955 | -1.917 | 1.078 | 1.651 | -1.165 | - | - |
| $T_3$ and $T_2$ — Test of significance | NS | NS | NS | NS | NS | NS | NS | NS | - | - |
| $T_1$ and $T_2$ — t value | 0.424 | 0.8305 | 0.966 | 1.309 | -1.129 | 0.888 | 1.034 | 1.084 | - | - |
| $T_1$ and $T_2$ — Test of significance | NS | NS | NS | NS | NS | NS | NS | NS | - | - |

(12,35kg/parcela e 4,95 t/ha) em sistema de consociação.

**4.2.1.2 Parâmetros de crescimento e rendimento durante a segunda época de consociação**

Durante a segunda época de culturas intercalares, os resultados de todos os parâmetros foram considerados não significativos quando a calêndula africana única foi comparada com T₁ (Jasmim + calêndula africana 1:1). É observado a partir dos dados apresentados na Tabela 4.11, a comparação de calêndula africana com T₂ (Jasmim + calêndula africana 1:2) foi considerada significativa. A calêndula africana solitária registou um máximo de dispersão de plantas na direção N-S (55,14cm), dispersão de plantas na direção E-W (43,36cm), número de ramos (21,33), tamanho da flor (67,13mm), número de flores por planta (65,2) e rendimento de flores (11,0 t/ha). O mínimo de dias para a iniciação do primeiro botão de flor (54,66 dias) foi observado na calêndula africana única, enquanto a altura máxima da planta (98,84 cm) e a maior duração da colheita (132,06 dias) foram observadas no T₂ (Jasmim + calêndula africana 1:2).

Os dados referentes à comparação de T₁ (Jasmim + calêndula africana 1:1) com T₂ (Jasmim + calêndula africana 1:2) também mostraram efeito significativo (Tabela 4.11). O número máximo de ramos (20,46), a dispersão N-S da planta (54,24cm), a dispersão E-W da planta (42,88cm), o tamanho da flor (65,92mm), o número de flores por planta (62,73) e o número mínimo de dias para a iniciação do botão floral (55,93 dias) foram registados no tratamento T₁ (Jasmim + Calêndula africana 1:1), enquanto a altura máxima da planta (98,84cm) e a produção de flores (5,40 t/ha) foram registadas no tratamento T₂ (Jasmim + Calêndula africana 1:2).

**Quadro 4.13 Comparação das características de crescimento, floração e rendimento da calêndula-africana sob condições de solo Jasmim + calêndula-africana 1:1 e Jasmim + calêndula-africana 1:2 durante a segunda época de cultivo intercalar**

| Tratamentos | Parâmetros | | | | | | | | | |
| --- | --- | --- | --- | --- | --- | --- | --- | --- | --- | --- |
| | Altura da planta (cm) | N.º de ramos por planta | Propagação da planta | | N.º de dias necessários para a iniciação do primeiro botão de flor | Tamanho da flor (mm) | N.º de flores por planta | Duração da cultura | Rendimento (kg/parcela) | Rendimento (t/ha) |
| | | | (N-S) (cm) | (E-W) (cm) | | | | | | |
| Ts (sola de calêndula africana) | 94.89 | 21.33 | 55.14 | 43.86 | 54.66 | 67.13 | 65.2 | 123.06 | 23.76 | 11.00 |
| Ti (Jasmim + calêndula africana 1:1) | 96.02 | 20.46 | 54.24 | 42.88 | 55.93 | 65.92 | 62.73 | 126.06 | 10.73 | 4.30 |
| T2 (Jasmim + calêndula africana 1:2) | 98.84 | 14.66 | 48.96 | 36.83 | 61.46 | 59.17 | 46.66 | 132.06 | 12.44 | 5.40 |
| teste t | | | | | | | | | | |
| T₈ e T₁ — valor t | -1.184 | 1.063 | 0759 | 0.911 | -1.979 | 1.229 | 2.043 | -1.763 | - | - |
| T₈ e T₁ — Teste de significância | NS | NS | NS | NS | NS | NS | NS | NS | - | - |

| | | | | | | | | | | | |
|---|---|---|---|---|---|---|---|---|---|---|---|
| $T_8$ | valor t | -4.315 | 9.432 | 5.751 | 6.186 | -8.437 | 6.420 | 15.318 | -4.401 | - | - |
| e $T_2$ | Teste de significância | S | S | S | S | S | S | S | S | - | - |
| $T_1$ | valor t | -3.657 | 6.203 | 4.075 | 7.174 | -8.949 | 5.031 | 10.111 | -3.135 | - | - |
| e $T_2$ | Teste de significância | S | S | S | S | S | S | S | S | - | - |

**Figura 4.7: Comparação dos caracteres de crescimento, floração e rendimento da calêndula africana em sistemas de cultura única e de cultura intercalar durante a segunda época de cultura intercalar**

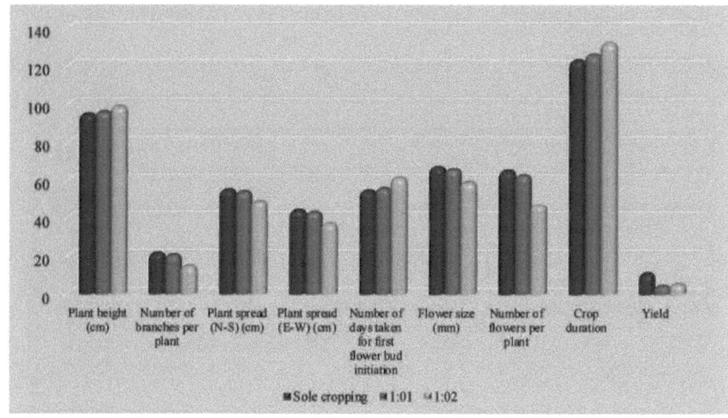


## 4.2.2 Calêndula francesa

Os dados relativos às características de crescimento e rendimento da calêndula francesa como cultura intercalar durante a primeira e a segunda épocas de cultura intercalar são apresentados nos quadros 4.14 e 4.15, respetivamente.

### 4.2.2.1 Parâmetros de crescimento e rendimento durante a primeira época de culturas intercalares

Com base no teste t, observa-se no quadro que o sistema de culturas intercalares não teve qualquer efeito significativo nos parâmetros de crescimento e floração da calêndula francesa durante a primeira época de culturas intercalares. No entanto, a produção máxima de flores foi obtida no tratamento T9 só com calêndula francesa (26,00 kg/parcela e 12,04 t/ha) em comparação com o tratamento T4 Jasmim + calêndula francesa 1:2 (17,85 kg/parcela e 7,75t/ha) e o tratamento T3 Jasmim + calêndula francesa 1:1 (10,03 kg/parcela e 4,02 t/ha) do sistema de cultura intercalar.

**4.2.2.2 Parâmetros de crescimento e rendimento durante a segunda época de culturas intercalares**

É evidente a partir dos dados apresentados no Quadro 4.15 que, com base no valor do teste t, os resultados de todos os parâmetros não foram considerados significativos em comparação com a cultura única com T3 (Jasmim + calêndula francesa 1:1).

Na comparação de T9 (só calêndula) com T4 (jasmim + calêndula 1:2), o número de ramos foi significativamente máximo (20,2), a dispersão N-S (43,62 cm) e a dispersão E-W (29,82 cm),

**Quadro 4.14 Comparação das características de crescimento, floração e rendimento da calêndula francesa em cultura única, jasmim + calêndula francesa 1:1 e jasmim + calêndula francesa l:2d durante a primeira época de culturas intercalares**

| Tratamentos | Parâmetros | | | | | | | | | |
|---|---|---|---|---|---|---|---|---|---|---|
| | Altura da planta (cm) | N.º de ramos por planta | Propagação da planta | | N.º de dias necessários para a iniciação do primeiro botão de flor | Tamanho da flor (mm) | N.º de flores por planta | Duração da cultura | Rendimento (kg/parcela) | Rendimento (t/ha) |
| | | | (N-S) (cm) | (E-W) (cm) | | | | | | |
| T9 (calêndula francesa) | 52.70 | 21.06 | 45.37 | 33.32 | 37.06 | 52.44 | 71.73 | 95.86 | 26.00 | 12.04 |
| T₃ (Jasmim + calêndula French 1:1) | 51.61 | 20.73 | 46.18 | 33.95 | 37.53 | 50.19 | 70.33 | 97.20 | 10.03 | 4.02 |
| T4 (Jasmim + calêndula French 1:2) | 50.74 | 19.6 | 44.84 | 32.84 | 38.13 | 49.92 | 69.80 | 91.06 | 17.85 | 7.75 |
| teste t | | | | | | | | | | |
| T₉ e T₃ — valor t | 1.076 | 0.196 | -0.795 | -1.806 | -0.721 | 1.350 | 0.794 | -2.120 | - | - |
| T₉ e T₃ — Teste de significância | NS | NS | NS | NS | NS | NS | NS | NS | - | - |
| T₉ e T₄ — valor t | 2.123 | 0.933 | 0.390 | 0.697 | -1.977 | 1.212 | 1.954 | 7.676 | - | - |
| T₉ e T₄ — Teste de significância | NS | NS | NS | NS | NS | NS | NS | S | - | - |
| T₃ e T₄ — valor t | 0.955 | 0.981 | 1.143 | 1.644 | -0.984 | 0.144 | 0.338 | 7.989 | - | - |
| T₃ e T₄ — Teste de significância | NS | NS | NS | NS | NS | NS | NS | S | - | - |

**Quadro 4.15 Comparação das características de crescimento, floração e rendimento da calêndula francesa em cultura única, Jasmim + Calêndula 1:1 e Jasmim + Calêndula 1:2 durante a segunda época de consociação**

| Tratamentos | Parâmetros | | | | | | | | | |
|---|---|---|---|---|---|---|---|---|---|---|
| | Altura da planta (cm) | N.º de ramos por planta | Propagação da planta | | N.º de dias necessários para a iniciação do primeiro botão de flor | Tamanho da flor (mm) | N.º de flores por planta | Duração da cultura | Rendimento (kg/parcela) | Rendimento (t/ha) |
| | | | (N-S) (cm) | (E-W) (cm) | | | | | | |
| T9 (calêndula francesa) | 54.94 | 20.2 | 43.62 | 29.82 | 42.53 | 48.05 | 64.93 | 85.80 | 19.11 | 8.85 |
| T₃ (Jasmim + calêndula francesa 1:1) | 57.07 | 19.13 | 42.48 | 28.92 | 44.33 | 46.35 | 63.33 | 87.93 | 8.53 | 3.42 |

|  | | | | | | | | | | | | |
|---|---|---|---|---|---|---|---|---|---|---|---|---|
| T4 (Jasmim + Calêndula 1:2) | | 61.72 | 15.93 | 38.37 | 25.47 | 47.13 | 41.40 | 52.06 | 97.60 | 11.47 | 4.98 |
| teste t | | | | | | | | | | | |
| T9 e T3 | valor t | -1.863 | 1.701 | 1.839 | 2.114 | -2.115 | 1.500 | 1.848 | -3.268 | - | - |
| | Teste de significância | NS | NS | NS | NS | NS | NS | NS | S | - | - |
| T9 e T4 | valor t | -5.354 | 8.098 | 5.299 | 7.252 | -7.046 | 6.895 | 10.419 | -13.56 | - | - |
| | Teste de significância | S | S | S | S | S | S | S | S | - | - |
| T3 e T4 | valor t | -5.089 | 5.155 | 3.790 | 4.665 | -11.68 | 6.124 | 6.450 | -12.47 | - | - |
| | Teste de significância | S | S | S | S | S | S | S | S | - | - |

**Figura 4.8: Comparação dos caracteres de crescimento, floração e rendimento da calêndula francesa nos sistemas de cultura única e de cultura intercalar durante a segunda época de cultura intercalar**

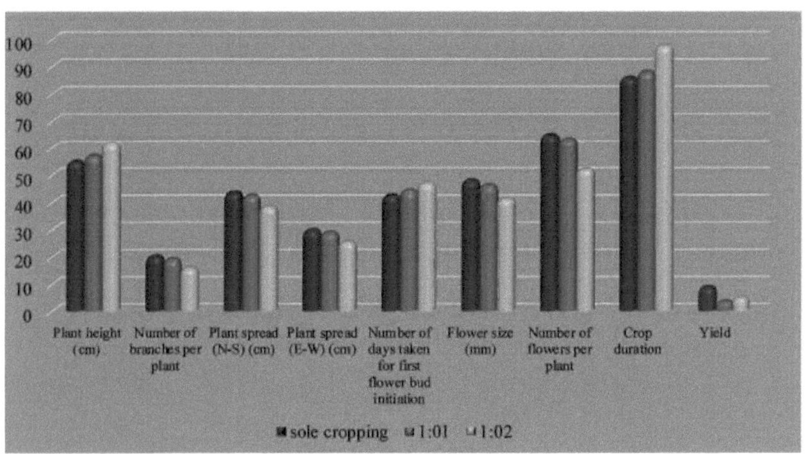



O tamanho da flor (48,05 mm), o número de flores (64,93), o rendimento (8,85 t/ha) e o número mínimo de dias para o início do primeiro botão de flor (42,53 dias) foram registados no tratamento T9 (calêndula francesa única), enquanto a altura máxima da planta (61,72 cm) foi observada no tratamento T4 (Jasmim + calêndula francesa 1:2).

Os dados relacionados com a comparação de T3 (Jasmim + Calêndula 1:1) e T4 (Jasmim + Calêndula 1:2) também mostraram um efeito significativo com base no valor do teste t para os parâmetros de crescimento e floração. O número máximo de ramos (19,13), a dispersão N-S (42,48cm), a dispersão E-W (28,92cm), o tamanho da flor (46,35mm), o número de flores (63,33) e o número mínimo de dias para a iniciação do primeiro botão de flor (44,33dias) foram registados em T3 (Jasmim + Calêndula francesa 1:1), enquanto a altura máxima da planta (61,72cm) e a produção de flores (4,98 t/ha) foram obtidas em T4 (Jasmim + Calêndula francesa 1:2).

## 4.2.3 Gaillardia

## 4.2.3.1 Parâmetros de crescimento e rendimento durante a primeira época de culturas intercalares

Os dados apresentados na Tabela 4.16 mostram que, o efeito da consorciação no crescimento e floração de gaillardia com base no teste t, foram considerados não significativos. Embora o maior rendimento tenha sido obtido no tratamento T10 só Gaillardia (30,45 kg/parcela e 14,10t/ha) seguido pelo tratamento T6Jasmim + Gaillardia 1:2 (20,15 kg/parcela e 8,75t/ha) e T5 Jasmim + Gaillardia 1:1 (12,60 kg/parcela e 5,05 t/ha).

Quadro 4.16 Comparação das características de crescimento, floração e rendimento de Gaillardia em cultura única, Jasmim +

Gaillardia 1:1 e Jasmim + Gaillardia 1:2 durante a primeira época de culturas intercalares

| Tratamentos | Parâmetros | | | | | | | | | |
|---|---|---|---|---|---|---|---|---|---|---|
| | Altura da planta (cm) | N.º de ramos por planta | Propagação da planta (N-S) (cm) | Propagação da planta (E-W) (cm) | N.º de dias necessários para a iniciação do primeiro botão de flor | Tamanho da flor (mm) | N.º de flores por planta | Duração da cultura | Rendimento (kg/parcela) | Rendimento (t/ha) |
| Tio (sola Gaillardia) | 64.02 | 25.20 | 49.98 | 34.85 | 55.60 | 61.08 | 85.06 | 134.93 | 30.45 | 14.10 |
| Ts (Jasmim + Gaillardia 1:1) | 63.24 | 24.06 | 48.97 | 36.16 | 56.53 | 59.14 | 84.20 | 136.73 | 12.60 | 5.05 |
| Tõ (Jasmim + Gaillardia 1:2) | 61.91 | 23.8 | 47.93 | 35.07 | 57.93 | 58.76 | 83.53 | 138.07 | 20.15 | 8.75 |
| teste t | | | | | | | | | | |
| Tio e T₅ — valor t | 1.669 | 1.498 | 1.400 | -1.125 | -0.783 | 1.046 | 0.960 | -1.963 | - | - |
| Tio e T₅ — Teste de significância | NS | NS | NS | NS | NS | NS | NS | NS | - | - |
| Tio e T₆ — valor t | 1.759 | 1.745 | 2.130 | -0.270 | -1.963 | 1.034 | 2.070 | -3.605 | - | - |
| Tio e T₆ — Teste de significância | NS | NS | NS | NS | NS | NS | NS | S | - | - |
| Ts e T₆ — valor t | 1.082 | 0.3008 | 1.022 | 1.235 | -1.398 | 0.200 | 1.357 | -3.045 | - | - |
| Ts e T₆ — Teste de significância | NS | NS | NS | NS | NS | NS | NS | S | - | - |

## 4.2.3.2 Parâmetros de crescimento e rendimento durante a segunda época de culturas intercalares

Os dados relativos à influência da cultura intercalar na gaillardia, com base no valor do teste t durante a segunda época de cultura intercalar, são apresentados no Quadro 4.17. O resultado foi considerado não significativo para todos os parâmetros em comparação com o cultivo exclusivo de Gaillardia com T5 (Jasmim + Gaillardia 1:1).

Observa-se a partir dos dados que, em comparação de T10 (Gaillardia única) com T6 (Jasmim + Gaillardia 1:2), a altura máxima da planta (50,90cm), a dispersão N-S da planta (44,92cm), a dispersão E- W da planta (32,09cm), o tamanho da flor (58,24mm) e o rendimento (8,90 t/ha) foram registados em T10 (Gaillardia única). O maior número de ramos (18,73), o número de flores (40,00) e o mínimo de dias para o início do primeiro botão de flor (60,06 dias) também foram observados no cultivo exclusivo de Gaillardia.

Como é evidente na Tabela 4.17, foram obtidos resultados significativos na comparação de T5 (Jasmim + Gaillardia 1:1) e T6 (Jasmim + Gaillardia 1:2) com base no teste t. T5 (Jasmim + Gaillardia 1:1) exibiu altura máxima da planta (48,91cm), número de ramos (16,6), dispersão N-S da planta (43,78cm), dispersão E-W da planta (30,14cm), tamanho da flor (57,13mm), número de flores por planta (38,6) e dias mínimos para a iniciação do primeiro botão da flor (63,8dias), enquanto o rendimento máximo (4,06t/ha) foi registado em T6 (Jasmim + Gaillardia 1:2).

**Quadro 4.17 Comparação das características de crescimento, floração e rendimento de Gaillardia em cultura única, Jasmim + Gaillardia 1:1 e Jasmim + Gaillardia 1:2 durante a segunda época de culturas intercalares**

| Tratamentos | Parâmetros | | | | | | | | | |
|---|---|---|---|---|---|---|---|---|---|---|
| | Altura da planta (cm) | N.º de ramos por planta | Propagação da planta | | N.º de dias necessários para a iniciação do primeiro botão de flor | Tamanho da flor (mm) | N.º de flores por planta | Duração da cultura | Rendimento (kg/parcela) | Rendimento (t/ha) |
| | | | (N-S) (cm) | (E-W) (cm) | | | | | | |
| Tio (sola Gaillardia) | 50.90 | 18.73 | 44.92 | 32.09 | 60.06 | 58.24 | 40.00 | 113.26 | 19.22 | 8.90 |
| T₅ (Jasmim + Gaillardia 1:1) | 48.91 | 16.60 | 43.78 | 30.14 | 63.80 | 57.13 | 38.60 | 120.10 | 7.93 | 3.18 |
| T6(Jasmim + Gaillardia | 41.01 | 12.86 | 38.6 | 26.5 | 67.40 | 51.76 | 30.06 | 129.80 | 9.35 | 4.06 |

| 1:2) | | | | 3 | 0 | | | | | | |
|---|---|---|---|---|---|---|---|---|---|---|---|
| | | | | teste t | | | | | | | |
| $Ti$ $o$ $e$ $T_5$ | valor t | 1.825 | 2.00 | 1.131 | 1.399 | -2.090 | 1.032 | 2.022 | -4.492 | - | - |
| | Teste de significância | NS | NS | NS | NS | NS | NS | NS | S | - | - |
| $Ti$ $o$ $e$ $T_6$ | valor t | 14.12 | 5.820 | 5.759 | 6.299 | -9.439 | 9.314 | 15.54 | -13.038 | - | - |
| | Teste de significância | S | S | S | S | S | S | S | S | - | - |
| $T_5$ $e$ $T_6$ | valor t | 12.01 | 5.161 | 4.688 | 3.701 | -5.026 | 7.236 | 10.55 | -4.697 | - | - |
| | Teste de significância | S | S | S | S | S | S | S | S | - | - |

**Figura 4.9: Comparação dos caracteres de crescimento, floração e rendimento de Gaillardia em sistemas de cultura única e de cultura intercalar durante a segunda época de cultura intercalar**

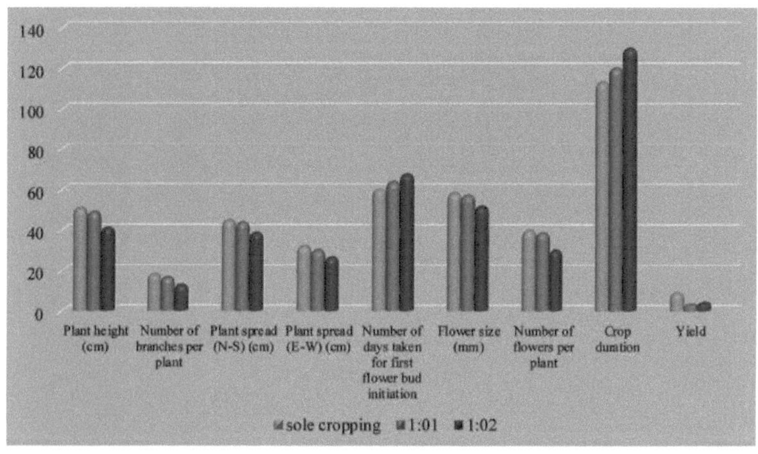

**T8 (Solha africana) T9 (Solha francesa)**

T10 (Sole Gaillardia)

## Foto 7. Fotografia mostrando o cultivo único de diferentes culturas intercalares durante a segunda época de cultivo intercalar

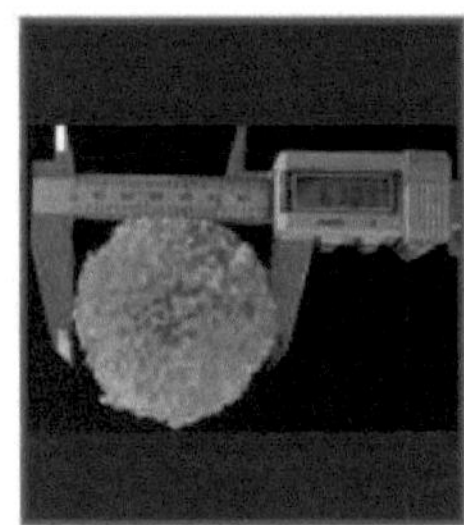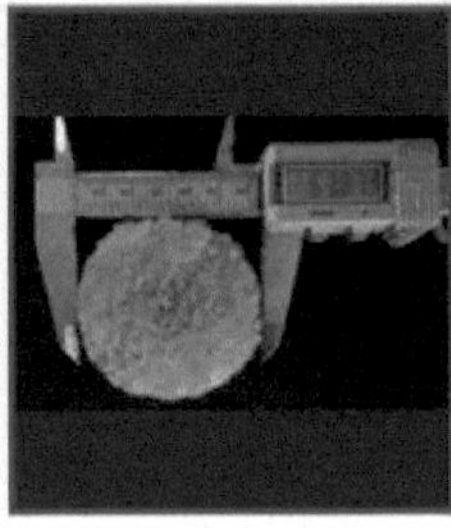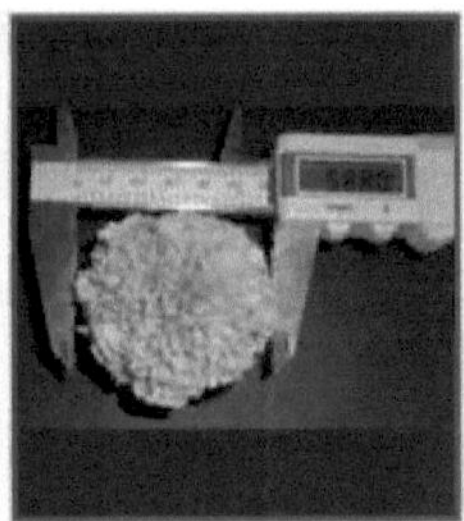

T8 (Calêndula africana)
T1 (Jasmim + calêndula africana 1:1)
T2 (Jasmim + calêndula africana 1:2)

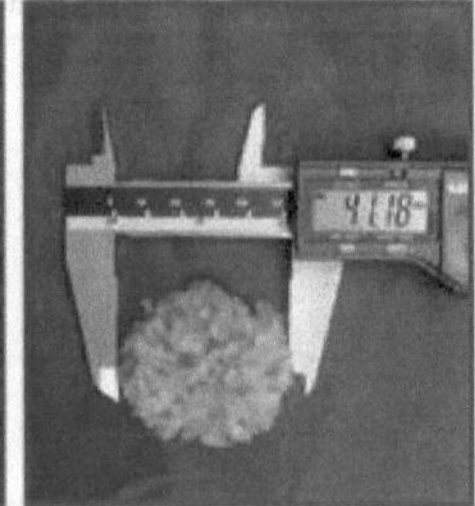

T9 (Calêndula francesa)
T3 (Jasmim + Calêndula 1:1)
T4 (Jasmim + Calêndula 1:2)

## Foto 8. Fotografia que mostra a comparação do diâmetro das flores de diferentes culturas intercalares na segunda época de culturas intercalares

### 1.3 Efeito do sistema de culturas intercalares no estado nutricional do solo

Os dados relativos ao estado nutricional do solo após a conclusão da primeira e segunda épocas de culturas intercalares são apresentados nos quadros 4.18 e 4.19, respetivamente.

O efeito da cultura intercalar no estado nutricional do solo foi considerado não significativo após a conclusão da primeira e da segunda época de cultura intercalar.

### Quadro 4.18 Estado nutricional do solo após a conclusão da primeira época de consociação

| Tratamentos | CE (dS/m) | PH | Azoto (kg/ha) | Fósforo (kg/ha) | Potássio (kg/ha) | Carbono orgânico (%) |
|---|---|---|---|---|---|---|
| Ti | 0.66 | 7.99 | 232.67 | 43.63 | 306.54 | 0.610 |
| T2 | 0.61 | 7.96 | 228.03 | 40.03 | 297.87 | 0.635 |
| T3 | 0.54 | 7.99 | 231.60 | 40.96 | 303.54 | 0.610 |
| T4 | 0.58 | 8.00 | 224.67 | 38.86 | 295.54 | 0.787 |
| T5 | 0.59 | 7.89 | 233.67 | 43.76 | 307.87 | 0.747 |
| T6 | 0.58 | 7.95 | 229.60 | 42.26 | 302.54 | 0.640 |
| T7 | 0.58 | 7.99 | 236.00 | 44.30 | 311.21 | 0.645 |
| T8 | 0.52 | 8.15 | 233.00 | 43.53 | 304.87 | 0.645 |
| T9 | 0.50 | 8.18 | 226.93 | 40.26 | 301.21 | 0.625 |
| Tio | 0.46 | 8.11 | 234.93 | 43.73 | 320.64 | 0.569 |
| S.Em± | 0.04 | 0.49 | 12.98 | 2.55 | 16.70 | 0.04 |
| C.D. em 5% | NS | NS | NS | NS | NS | NS |
| C.V. % | 10.82 | 10.57 | 9.73 | 10.46 | 9.48 | 10.83 |

### Quadro 4.19 Estado nutricional do solo após a conclusão da segunda fase época de consociação

| Tratamentos | CE (dS/m) | PH | Azoto (kg/ha) | Fósforo (kg/ha) | Potássio (kg/ha) | Carbono orgânico (%) |
|---|---|---|---|---|---|---|

| Ti | 0.419 | 8.183 | 230.67 | 43.10 | 303.38 | 0.505 |
|---|---|---|---|---|---|---|
| T2 | 0.439 | 8.123 | 226.70 | 39.50 | 294.71 | 0.529 |
| T3 | 0.409 | 8.133 | 230.20 | 40.43 | 300.38 | 0.488 |
| T4 | 0.439 | 8.063 | 223.50 | 38.33 | 292.38 | 0.361 |
| T5 | 0.419 | 8.093 | 231.30 | 43.23 | 304.71 | 0.479 |
| T6 | 0.429 | 8.093 | 227.80 | 41.73 | 299.38 | 0.493 |
| T7 | 0.459 | 8.183 | 233.77 | 43.77 | 308.04 | 0.508 |
| T8 | 0.429 | 8.093 | 228.73 | 43.00 | 301.71 | 0.502 |
| T9 | 0.422 | 8.233 | 221.50 | 39.73 | 298.04 | 0.476 |
| Tio | 0.399 | 8.203 | 235.30 | 43.20 | 317.48 | 0.485 |
| S.Em± | 0.02 | 0.52 | 14.04 | 2.55 | 17.12 | 0.03 |
| C.D. em 5% | NS | NS | NS | NS | NS | NS |
| C.V. % | 8.76 | 11.03 | 10.62 | 10.60 | 9.82 | 10.20 |

## 1.4 Rendimento equivalente do jasmim

Os dados calculados do rendimento equivalente do jasmim são apresentados no quadro 4.20. O rendimento equivalente do jasmim foi significativamente afetado por diferentes culturas intercalares de flores anuais. Durante a primeira época de culturas intercalares, o rendimento equivalente máximo (4,78) foi registado em $T_2$ (Jasmim + calêndula africana 1:2), que se verificou ser igual ao tratamento T4 Jasmim + calêndula francesa 1:2 (4,67), enquanto que o mínimo foi registado em jasmim único (0,27). Durante a segunda época de cultivo intercalar, foi obtido um rendimento equivalente significativamente máximo (3,53) em T4 (Jasmim + calêndula francesa 1:2) e o rendimento equivalente mais baixo (0,84) foi registado em T7 (Jasmim único). No caso do rendimento equivalente total de jasmim, o valor máximo também foi registado em Jasmim + calêndula francesa 1:2 (9,67).

**Quadro 4.20 Efeito da cultura intercalar no rendimento equivalente do jasmim**

| Tratamentos | Rendimento equivalente de jasmim (JEY) (t/ha) | | Rendimento do jasmim entre as duas épocas de cultura intercalar | Total |
|---|---|---|---|---|
| | Primeira temporada | Segunda temporada | | |
| Ti | 2.72 | 2.68 | 1.50 | 6.91 |
| T2 | 4.78 | 3.38 | 1.35 | 9.51 |
| T3 | 2.56 | 2.74 | 1.60 | 6.90 |
| T4 | 4.67 | 3.53 | 1.47 | 9.67 |
| T5 | 2.39 | 2.05 | 1.38 | 5.82 |
| T6 | 3.96 | 2.37 | 1.25 | 7.58 |
| T7 | 0.27 | 0.84 | 1.69 | 2.80 |
| S.Em± | 0.03 | 0.02 | 0.08 | 0.05 |
| C.D. a 5% | 0.11 | 0.07 | 0.25 | 0.15 |

| C.V. % | 1.97 | 1.47 | 9.97 | 1.18 |
|---|---|---|---|---|

## 1.5 Rácio de equivalência do terreno

Os dados relativos ao LER são apresentados no Quadro 4.21. É evidente a partir dos dados que a LER foi superior a um em todos os tratamentos de consociação. Houve uma diferença significativa nos valores de LER em relação aos diferentes tratamentos. Durante a primeira época de cultivo intercalar, o LER máximo (1,53) foi registado no T2 (Jasmim + calêndula africana 1:2), que foi encontrado a par do tratamento T4 Jasmim + calêndula francesa 1:2 (1,52). Durante a segunda época de consórcio, o LER significativamente máximo (1,41) foi obtido em T4 (Jasmim + calêndula francesa 1:2). No caso do LER total, o maior (1,47) foi registado em T4 (Jasmim + Calêndula 1:2) seguido de T2 (Jasmim + Calêndula 1:2) enquanto que o LER significativamente mais baixo (1,16) foi obtido em T5 (Jasmim + Gaillardia 1:1).

**Quadro 4.21 Efeito da cultura intercalar no rácio de equivalência de terras**

| Tratamentos | LER | | Total |
|---|---|---|---|
| | Primeira temporada | Segunda temporada | |
| Ti | 1.29 | 1.28 | 1.27 |
| T2 | 1.53 | 1.29 | 1.39 |
| T3 | 1.29 | 1.33 | 1.29 |
| T4 | 1.52 | 1.41 | 1.47 |
| T5 | 1.20 | 1.15 | 1.16 |
| T6 | 1.43 | 1.18 | 1.29 |
| T7 | 1.00 | 1.00 | 1.00 |
| T8 | 1.00 | 1.00 | 1.00 |
| T9 | 1.00 | 1.00 | 1.00 |
| T10 | 1.00 | 1.00 | 1.00 |
| S.Em± | 0.01 | 0.01 | 0.02 |
| C.D. a 5% | 0.04 | 0.04 | 0.06 |
| C.V. % | 1.92 | 1.94 | 2.83 |

## 1.6 Economia

Os dados relativos à economia dos diferentes tratamentos são apresentados no Quadro 4.22. É evidente a partir dos dados que, o maior rendimento líquido obtido de Jasmim + calêndula francesa 1:2 (Rs. 461460.53/ha) seguido de Jasmim + calêndula africana 1:2 (Rs. 454066.12/ha) e o menor de cultivo único de jasmim (Rs. 131464.97/ha) enquanto que o BCR mais alto foi obtido de

Jasmim + calêndula africana 1:1 (2.46) seguido de Jasmim + calêndula francesa 1:1 (2.28) e o menor foi registado de Jasmim + Gaillardia 1:2 (1.46).

**Quadro 4.22 Economia dos diferentes tratamentos**

| Tratamentos | Rendimento t/ha | | | Valor da cultura individual (Rs./ha) | | | Rendimento bruto (Rs./ha) | Despesas brutas (Rs./ha) | Rendimento líquido (Rs./ha) | BCR |
|---|---|---|---|---|---|---|---|---|---|---|
| | Jasmim | Interculturas | | Jasmim | Interculturas | | | | | |
| | | Primeira temporada | Segunda temporada | | Primeira temporada | Segunda temporada | | | | |
| Ti | 2.50 | 4.95 | 4.30 | 175000 | 173250 | 150500 | 498750.0 | 144350.3 | 354399.69 | 2.46 |
| $T_2$ | 2.25 | 9.11 | 5.40 | 157500 | 318850 | 189000 | 665350.0 | 211283.9 | 454066.12 | 2.15 |
| $T_3$ | 2.65 | 4.02 | 3.42 | 185500 | 160800 | 136800 | 483100.0 | 147127.4 | 335972.59 | 2.28 |
| $T_4$ | 2.45 | 7.75 | 4.98 | 171500 | 310000 | 199200 | 680700.0 | 219239.5 | 461460.53 | 2.10 |
| $T_5$ | 2.30 | 5.05 | 3.18 | 161000 | 151500 | 95400 | 407900.0 | 145493.5 | 262406.45 | 1.80 |
| $T_6$ | 2.10 | 8.75 | 4.06 | 147000 | 262500 | 121800 | 531300.0 | 216027.6 | 315272.39 | 1.46 |
| $T_7$ | 2.80 | - | - | 196000 | - | - | 196000.0 | 64535.0 | 131464.97 | 2.04 |

**Preço de venda:-**

Jasmim : 70/kg Calêndula africana : 35/kg Calêndula francesa : 40/kg Gaillardia : 30/kg

# 5 DISCUSSÃO

Tradicionalmente, os agricultores têm vindo a praticar a cultura intercalar com base na sua escolha, no agroclima, nos recursos e no mercado, embora não numa base científica. Recentemente, tem-se registado um aumento do interesse dos agricultores em utilizar a cultura intercalar para desenvolver um novo sistema de cultivo para as suas terras (Ouma, 2009).

Atualmente, o rendimento derivado do jasmim, essencialmente uma cultura de pequenos agricultores marginais, não é suficiente para sustentar as famílias dependentes. Uma das formas viáveis de aumentar o rendimento agrícola é a cultura intercalar. Tendo em conta este facto, a presente investigação foi realizada para se ter uma ideia da adequação da cultura intercalar em *Jasminum sambac* L. Os resultados obtidos na presente investigação **"Cultura intercalar de flores anuais em *Jasminum sambac* L."** são discutidos neste capítulo com as razões prováveis dos resultados obtidos. No entanto, não foi efectuada qualquer investigação no passado sobre o cultivo intercalar de flores anuais em culturas de flores. Por conseguinte, foram obtidas referências de diferentes sistemas de culturas intercalares de legumes, frutos e leguminosas. Para uma melhor compreensão, os trabalhos de investigação efectuados anteriormente por vários investigadores também são apresentados resumidamente nas seguintes rubricas principais.

**5.1** Efeito do sistema de culturas intercalares no crescimento, floração e rendimento de *Jasminum sambac* L.

**5.2** Efeito do sistema de culturas intercalares no crescimento, floração e rendimento das culturas intercalares

**5.3** Efeito no rendimento equivalente

**5.4** Efeito do sistema de culturas intercalares no rácio de equivalência da terra (LER) 5.5 Economia

**5.5 Efeito do sistema de culturas intercalares no crescimento, floração e rendimento de *Jasminum sambac* L.**

**5.1.1 Efeito nos parâmetros de crescimento do jasmim**

O crescimento vegetativo saudável e robusto é um pré-requisito essencial para maiores rendimentos. Vários factores podem afetar o crescimento das plantas utilizadas em culturas intercalares, incluindo a seleção da cultivar, a proporção de plantação e a competição entre os componentes da mistura (Cabellero *et al.*, 1995).

A análise estatística das observações revelou que a altura das plantas de jasmim não foi considerada significativa na altura da plantação da primeira época de culturas intercalares. No entanto, foi significativamente alterada no final da primeira época de cultivo intercalar, na plantação da segunda época de cultivo intercalar e no final da experiência. A altura máxima das plantas foi registada no cultivo único, que foi estatisticamente igual a T1, T2, T3 e T4 nas três fases. Isto pode ser devido à inexistência de competição entre o jasmim e as culturas intercalares por nutrientes, luz, humidade e espaço, o que teria favorecido o crescimento do jasmim puro.

Uma tendência semelhante foi observada por Lakshminarayanan *et al.* (2005) em legumes leguminosos intercalados com jasmim. Singh e Datta (2006) também referiram que a altura das plantas de gladíolo cultivadas em associação com calêndula não diferiu significativamente quando comparada com a cultura pura.

O número de ramos por planta e a dispersão das plantas na direção E-W apresentaram diferenças significativas devido ao efeito dos tratamentos no final da primeira época de culturas intercalares, na altura da plantação da segunda época de culturas intercalares e no final da experiência. Enquanto que no caso da propagação das plantas na direção N-S, os dados mostraram um efeito não significativo na altura da plantação da primeira época de culturas intercalares e no final da experiência, enquanto que no final da primeira época de culturas intercalares e na altura da plantação da segunda época de culturas intercalares foi considerado significativo. Esta redução é principalmente atribuída aos efeitos competitivos das culturas intercalares. Durante as primeiras fases de crescimento das plantas (altura, número de ramos e propagação), os resultados não significativos obtidos com os diferentes tratamentos podem ser atribuídos ao atraso no estabelecimento das raízes da cultura principal. Nas fases posteriores, a variação significativa do crescimento entre os diferentes tratamentos pode ser atribuída ao melhor e mais precoce estabelecimento das raízes e ao fornecimento regular e não intensificado de nutrientes essenciais no momento certo e em quantidades adequadas.

Os resultados actuais estão de acordo com os relatados por Varghese *et al.* (1990), Natarajan (1992) e Mouneka e Asiegbu (1997).

A temperatura da folha e o valor PAR (Radiação Fotossinteticamente Ativa) da copa superior e média do jasmim apresentaram resultados não significativos durante a primeira época de culturas intercalares devido à disponibilidade de espaço adequado. Durante a segunda época de culturas intercalares, a temperatura da folha e o PAR apresentaram diferenças significativas entre todos os tratamentos. Os valores mais altos de temperatura foliar e PAR foram observados no jasmim solitário, que foi estatisticamente na mesma barra do tratamento T3 (jasmim + calêndula francesa 1:1). Devido à sobrelotação das culturas intercalares, a radiação luminosa pode não ter conseguido atingir todas as folhas (área fotossintética) da cultura principal, resultando em menos actividades fotossintéticas. No entanto, a densidade de plantação da cultura intercalar (1:1) pode não afetar a temperatura das folhas e a PAR, embora tenha afetado negativamente o aumento da densidade de plantação das culturas intercalares, apesar de o resultado de jasmim + calêndula francesa (1:2) ter sido considerado estatisticamente igual devido à altura adequada, à propagação apropriada das plantas e ao número suficiente de ramos para a produção de flores de qualidade. Uma tendência semelhante foi também registada por Ghanbari *et al.* (2010).

**5.1.2 Efeito na floração e nos atributos de rendimento do jasmim** A influência dos sistemas de culturas intercalares no diâmetro dos botões florais e no comprimento dos botões do jasmim também não foi significativa durante a primeira e a segunda época de culturas intercalares.

No caso da produção de botões de flores de jasmim, não se observou qualquer efeito significativo durante a primeira época de consociação, no entanto, foi registada uma produção máxima de jasmim único (46,27 g/planta, 0,62 kg/parcela e 0,27 t/ha). Resultados semelhantes foram também observados por Mahant *et al.* (2011) na cultura intercalar de cebola e alho na fase inicial da bananeira. A inexistência de competição por esses nutrientes devido às culturas intercalares teria favorecido o surto de crescimento da cultura principal.

Durante a segunda época de cultivo intercalar, os resultados foram significativos. O rendimento máximo foi obtido a partir de jasmim único (124,79 g/planta, 1,94 kg/parcela e 0,84 t/ha), que foi estatisticamente igual a TI (Jasmim + calêndula africana 1:1), T3 (Jasmim + calêndula francesa 1:1) e T4 (Jasmim + calêndula francesa 1:2). A redução dos atributos de rendimento sob espaçamento estreito pode ser atribuída ao crescimento e desenvolvimento comparativamente pobres de plantas individuais devido à competição por recursos como espaço, luz solar, nutrientes, humidade, etc. A perda de rendimento da cultura principal também se deve à redução da radiação fotossinteticamente ativa (PAR) que atinge as partes inferiores da copa das plantas, ocupadas pelas culturas intercalares e que criam interceção da luz para a cultura principal.

Sarma *et al.* (1996), Islam *et al.* (2014) e Singh e Singh (2014) também registaram um rendimento mais elevado em monocultura em comparação com o rendimento correspondente em consociação.

Os tratamentos de sistemas de culturas intercalares durante o avanço da idade, a cultura intercalar suprimiu o crescimento das ervas daninhas no espaço entre linhas do jasmim de acordo com a sua densidade. Além disso, a biomassa da cultura intercalar incorporada in-situ após a colheita decompôs-se e serviu como reservatório de nutrientes orgânicos, auxiliando no maior crescimento do jasmim, levando à formação de mais botões florais. Lakshminarayanan *et al.* (2005) e Agrawal *et al.* (2011) também notaram que a cultura intercalar com densidade de plantação adequada pode aumentar o rendimento da cultura principal sem interromper o crescimento.

## 5.6 Efeito do sistema de culturas intercalares no crescimento, floração e rendimento das culturas intercalares

### 5.2.1 Calêndula africana

### 5.2.1.1 Efeito nas características de crescimento, floração e rendimento durante a primeira época de culturas intercalares

A comparação entre a calêndula africana, o jasmim + calêndula africana 1:1 e o jasmim + calêndula africana 1:2, o teste t mostrou resultados não significativos em todos os parâmetros durante a primeira época de cultura intercalar. No entanto, a altura máxima da planta, a dispersão da planta (N-S e E-W), o número de ramos, o tamanho da flor, o número de flores por planta e o número mínimo de dias para a iniciação do primeiro botão de flor foram observados em cultivo único. Isto pode ser devido ao facto de a cultura intercalar não ter tido qualquer efeito adverso no crescimento e rendimento da calêndula africana durante a fase inicial de crescimento do jasmim. A utilização correcta do espaço, da luz, dos nutrientes e da água proporciona um ambiente favorável ao melhoramento tanto da cultura principal como das culturas intercalares. Agrawal *et al.* (2010) também registaram resultados não significativos dos parâmetros de crescimento nas fases iniciais de crescimento em ensaios de culturas intercalares na couve-flor.

No caso do rendimento, o máximo foi registado no cultivo único, o que pode ser devido a uma população de plantas inferior à do cultivo único. Mouneka e Asiegbu (1997), Das *et al.* (2008) e Mahant *et al.* (2011) também registaram opiniões semelhantes às dos presentes resultados.

### 5.2.1.2 Efeito nas características de crescimento, floração e rendimento durante a segunda época de culturas intercalares

No caso da segunda época de culturas intercalares da experiência, todos os parâmetros foram considerados não significativos quando a cultura única de calêndula africana foi comparada com Jasmim + calêndula africana 1:1 com base no teste t.

O sistema de culturas intercalares influenciou significativamente todos os parâmetros da calêndula africana quando T2 (Jasmim + calêndula africana) foi comparado com T8 (calêndula africana isolada), bem como com T1 (Jasmim + calêndula africana 1:1). No caso do tratamento T2, todos os parâmetros de crescimento foram considerados inferiores. A razão plausível para este efeito significativo da cultura intercalar é que o crescimento de culturas intercalares leva à competição por recursos naturais, *nomeadamente* luz, humidade, nutrientes e espaço entre elas.

O tratamento T2 (jasmim + calêndula africana 1:2) registou um mínimo de propagação da planta, número de ramos, número de flores e tamanho da flor devido à competição pelos recursos. A altura máxima da planta, a duração da cultura e o atraso na indução da flor também foram observados em T2 (Jasmim + calêndula africana 1:2) devido à interceção da luz (PAR) entre a cultura principal e a cultura intercalar, o que pode levar a um abrandamento da taxa fotossintética. Além disso, pode levar ao crescimento de plantas fracas, esguias e suculentas, o que é responsável pelo atraso na formação das flores. Uma tendência semelhante foi também registada por Anburani e Vidhya Priyadharshini (2011).

As presentes constatações estão de acordo com as relatadas por Singh e Datta (2006) no cultivo intercalar de calêndula com gladíolo. Munde *et al.* (201 1) e Agrawal *et al.* (2010) também confirmaram tendências semelhantes.

### 5.2.2 Calêndula francesa

### 5.2.1.1 Efeito nas características de crescimento, floração e rendimento durante a primeira época de culturas intercalares

O desempenho de todos os parâmetros da calêndula francesa objeto de investigação foi considerado não significativo durante a primeira época de culturas intercalares. Isto pode dever-se à inexistência de competição entre a cultura principal e as culturas intercalares por nutrientes, luz, humidade e espaço. No entanto, a altura máxima das plantas, a dispersão das plantas (N-S e E-W), o número de ramos, o tamanho das flores, o número de flores por planta e o número mínimo de dias para o início do primeiro botão floral foram observados na cultura única. No caso do rendimento, o máximo foi registado no cultivo único, o que pode ser devido a uma população inferior à do cultivo único. Das *et al.* (2008), Agrawal *et al.* (2010), Mahant *et al.* (2011) e Singh e Singh (2014) também registaram opiniões semelhantes às dos presentes resultados.

### 5.2.1.2 Efeito nas características de crescimento, floração e rendimento durante a segunda época de culturas intercalares

Durante a segunda época de culturas intercalares da experiência, todos os parâmetros foram considerados não significativos, exceto a duração da cultura, quando a cultura única de calêndula francesa foi comparada com Jasmim + calêndula francesa 1:1 com base no teste t.

O sistema de cultivo intercalar teve um efeito significativo em todos os parâmetros de crescimento quando o T4 (Jasmim + Calêndula 1:2) foi comparado com o T9 (calêndula única), bem como com o T3 (Jasmim +

Calêndula 1:1). Todas as características foram consideradas fracas no tratamento T4 (Jasmim + calêndula 1:2). Isto pode dever-se à competição pela luz, nutrientes e outros recursos, o que pode ter proporcionado um ambiente provavelmente desfavorável que levou à diminuição dos atributos de crescimento e à menor produção de flores. A altura máxima da planta, a duração total da cultura e o atraso na indução floral foram observados em Jasmim + calêndula francesa 1:2. A elevada densidade de plantação de culturas intercalares na cultura principal pode criar uma competição pelos recursos naturais.

Anburani e Vidhya Priyadharshini (2011) também observaram o mesmo resultado na cultura intercalar de feijão-frade com jasmim. Abd El-Gaid *et al.* (2014) registaram uma maior estrutura vegetativa no tomateiro consorciado com feijão comum em comparação com o tomateiro isolado.

A dispersão máxima das plantas (N-S e E-W), o número de ramos, o número de flores, o tamanho das flores e a produção de flores foram registados na cultura única, uma vez que não há competição pelos recursos. Itnal *et al.* (1996) registaram uma redução da produção em culturas intercalares de amendoim e girassol, em comparação com as suas respectivas culturas únicas.

### 5.2.3 Gaillardia

### 5.2.3.1 Efeito nas características de crescimento, floração e rendimento durante a primeira época de culturas intercalares

Com base no teste t, todos os parâmetros da gaillardia foram considerados não significativos durante a primeira época de cultivo intercalar. No entanto, a altura máxima das plantas, a dispersão das plantas (N-S e E-W), o número de ramos, o tamanho das flores, o número de flores por planta e o número mínimo de dias para o início do primeiro botão floral foram observados na cultura única. Isto pode dever-se a uma menor competição entre a cultura principal e as culturas intercalares durante a fase inicial do jasmim. O rendimento máximo também foi registado na cultura única, o que pode dever-se a uma população mais baixa do que a da cultura única. Nedunchezhiyan (2014) registou resultados semelhantes em culturas intercalares de especiarias com inhame pé de elefante.

### 5.2.3.2 Efeito nas características de crescimento, floração e rendimento durante a segunda época de culturas intercalares

Durante a segunda época de culturas intercalares da experiência, todos os parâmetros da gaillardia apresentaram resultados não significativos quando cultivados isoladamente em comparação com Jasmim + Gaillardia 1:1 com base no teste t. Isto pode dever-se à baixa densidade de plantação que cria menos competição pelo espaço. Uma tendência semelhante foi também observada por Anburani e Vidhya Priyadharshini (2011).

O sistema de cultivo intercalar influenciou significativamente todos os parâmetros quando Jasmim + Gaillardia 1:2 foi comparado com o cultivo único, bem como com Jasmim + Gaillardia 1:1. As parcelas com cultivo exclusivo de gaillardia registaram maior altura de planta, dispersão (NS e E-W), número de ramos, número de flores por planta, tamanho da flor e produção de flores. Isso pode ser devido à maior densidade de plantas que reduziu a produção de culturas em sistemas de consórcio. Isto indica que as culturas intercalares em populações mais elevadas afectaram os atributos de crescimento e rendimento. Varghese *et al.* (1990) e Rahangdale *et al.* (1995) também registaram uma redução dos atributos vegetativos da couve consorciada em comparação com a couve solteira.

Singh e Singh (2014) também encontraram uma tendência semelhante quando utilizaram o feno-grego, os coentros e a soja como culturas intercalares no gladíolo.

**5.7 Efeito no rendimento equivalente**

Todas as situações de cultura intercalar apresentaram um rendimento equivalente mais elevado do que a cultura única. Isto deve-se ao rendimento adicional obtido das culturas intercalares que foi adicionado no caso de culturas intercalares. O rendimento equivalente significativamente mais elevado foi registado em Jasmim + calêndula francesa 1:2 (9,67), seguido de Jasmim + calêndula africana 1:1 (9,50). Os resultados actuais estão de acordo com os relatados por Rahman *et al.* (2006), Singh (2010) e Islam *et al.* (2014). Eles também relataram maior rendimento equivalente em sistemas de consórcio em comparação com o cultivo único. Esta variação no rendimento equivalente deve-se à diferença no rendimento das culturas intercalares, bem como à diferença do valor económico das culturas intercalares.

**5.8 Efeitos no rácio de equivalência do terreno (LER)**

Para avaliar o desempenho das culturas intercalares, foi utilizado o conceito de "rácio de equivalência de terras". Este conceito fornece uma base padronizada para a comparação de sistemas em diferentes situações e combinações de culturas (Mead e Willey, 1980).

Em todas as situações de consociação, a LER foi superior a um, o que demonstra a vantagem de rendimento das parcelas consorciadas. O LER mais elevado foi obtido com Jasmim + Calêndula 1:2 (1,47), o que significa que podem ser produzidas 2,45 toneladas de jasmim e 12,6 toneladas de calêndula (em ambas as épocas de cultura intercalar) a partir de 1 hectare de terra. O valor mais baixo de LER, 1, foi registado em todas as culturas individuais. Isto pode dever-se à utilização de melhores recursos, ou seja, espaço, luz solar, água, nutrição, *etc.* Os resultados estão de acordo com as conclusões de trabalhos anteriores de Itnal *et al.* (1996), Gawade *et al.* (2003), Lakshminarayanan *et al.* (2005), Rahman *et al.* (2006) e Thankamani *et al.* (2011).

## 5.9 Economia

A cultura intercalar é uma das técnicas viáveis para assegurar a utilização eficiente dos recursos e aumentar a produção global por unidade de superfície. A cultura intercalar oferece a possibilidade de obter vantagens de rendimento em relação à cultura única através da estabilidade do rendimento. Todos os sistemas de culturas intercalares, com exceção do Jasmim + Gaillardia 1:2, apresentaram rendimentos monetários mais elevados do que os da cultura única. Olhando para ambas as épocas de cultivo intercalar, foram obtidos maiores rendimentos e colheitas durante a primeira época de cultivo intercalar em comparação com a segunda época de cultivo intercalar. Isto pode dever-se à utilização de melhores recursos, ou seja, espaço, luz solar, água e nutrição, *etc.*, durante a primeira época, enquanto a propagação de plantas gregárias e a mistura de ramos de jasmim podem suprimir o crescimento e o rendimento da cultura intercalar, o que foi responsável pela redução do rendimento e do rendimento. Uma vez que o número de dias de início da floração foi menor na calêndula francesa do que na calêndula africana e o período de pico da floração coincidiu com a época festiva. Por conseguinte, o rendimento líquido da calêndula francesa foi superior ao da calêndula africana devido ao preço mais elevado.

O maior rendimento líquido por hectare foi obtido com Jasmim + calêndula francesa 1:2 (Rs. 461460.53/ha) seguido por Jasmim + calêndula africana 1:2 (Rs. 454066.12/ha). O BCR mais elevado foi registado em Jasmim + calêndula africana 1:1 (2,46) seguido de Jasmim + calêndula francesa 1:1 (2,28). Isto pode depender do maior rendimento equivalente e do preço de mercado obtido durante o período de colheita. Prakash *et al.* (2009) também registaram rendimentos adicionais da calêndula intercalada com cana-de-açúcar. Tendência semelhante também foi observada por Opoku-Ameyaw *et al.* (2011), Prakash *et al.* (2011) e Shrestha (2012).

## 6 RESUMO E CONCLUSÃO

Foi realizada uma experiência na Floriculture Research Farm, ASPEE college of Horticulture and Forestry, Navsari Agricultural University, Navsari, para estudar o efeito da consociação de flores anuais em *Jasminum sambac* L., durante 2014-15. O objetivo da experiência inclui a avaliação da influência das culturas intercalares no crescimento, na floração e no rendimento do jasmim, o cálculo do LER, o rendimento equivalente do jasmim, a economia das culturas intercalares e também a descoberta da melhor cultura intercalar com o jasmim.

A experiência, constituída por dez tratamentos com três repetições, foi organizada num esquema de blocos aleatórios (RBD). As culturas intercalares foram a calêndula africana, a calêndula francesa e a gaillardia com diferentes proporções de plantação. O pacote recomendado de práticas de cultivo tanto para a cultura principal, ou seja, jasmim, como para as culturas intercalares foi efectuado. A adubação da cultura principal e das culturas intercalares foi efectuada separadamente, de acordo com as doses de fertilizantes recomendadas. Foram efectuadas as observações necessárias da cultura principal e das culturas intercalares, submetidas a análise estatística e os resultados obtidos são resumidos e interpretados em conformidade.

As observações da cultura principal (jasmim) revelaram que, na altura da plantação da primeira época de culturas intercalares, os parâmetros de crescimento, *nomeadamente a* altura das plantas, o número de ramos e a dispersão das plantas, não foram considerados significativos. No final da primeira época de culturas intercalares, no momento da plantação da segunda época de culturas intercalares e no final da experiência, foram considerados significativos. O efeito da cultura intercalar na temperatura das folhas e no valor PAR (radiação fotossinteticamente ativa) das folhas de jasmim das copas superior e média não foi significativo durante a primeira época de cultura intercalar, enquanto na segunda época de cultura intercalar se obtiveram resultados significativos. A influência da cultura intercalar no diâmetro e comprimento dos gomos do jasmim também não foi significativa em ambas as épocas de cultura intercalar. Na primeira época de culturas intercalares, o rendimento foi considerado não significativo, enquanto na segunda época de culturas intercalares foi significativamente mais elevado no cultivo exclusivo de jasmim. No entanto, o rendimento total do botão de flor de jasmim foi maior em cultivo único (416,27 g/planta, 6,46 kg/parcela e 2,80 t/ha).

A calêndula francesa e a calêndula africana foram consideradas mais adequadas como culturas intercalares no jasmim, em comparação com a Gaillardia, que teve um melhor desempenho em cultura única durante ambas as épocas de culturas intercalares. Em termos de rendimento, todas as culturas intercalares produziram mais do que a cultura única durante ambas as épocas de cultura intercalar, mas a produtividade global aumentou devido à cultura intercalar. Comparando diferentes rácios de plantação de culturas intercalares com as suas culturas individuais correspondentes, o rácio mais baixo (1:1) para todas as culturas foi considerado adequado em termos de crescimento e qualidade da flor. No entanto, Jasmim + calêndula francesa (1:2) teve um melhor desempenho em comparação com Jasmim + calêndula africana (1:2) e Jasmim + Gaillardia (1:2).

Na comparação do estado nutricional pós-colheita do solo, o resultado foi considerado não significativo após a conclusão de ambas as épocas de culturas intercalares.

No caso do rendimento equivalente, o maior rendimento equivalente de jasmim foi obtido a partir de Jasmim + calêndula africana 1:2 (4,78 t/ha), que foi a par de Jasmim + calêndula francesa 1:2 (4,67 t/ha) durante a primeira época de cultivo intercalar, enquanto na segunda época de cultivo intercalar, foi registado o máximo de Jasmim + calêndula francesa 1:2 (3,53 t/ha) e o rendimento equivalente total também foi encontrado no máximo de Jasmim + calêndula francesa 1:2 (9,67 t/ha).

A vantagem da cultura intercalar em relação à cultura única também se reflecte no seu LER. O valor mais elevado de LER foi registado em Jasmim + calêndula francesa 1:2 durante ambas as épocas de cultivo intercalar, o que mostra grandes perspectivas de futuro para a calêndula francesa como cultura intercalar em jasmim. Seguiu-se o jasmim + calêndula africana 1:2.

O retorno líquido máximo por ha foi obtido de Jasmim + calêndula francesa 1:2 (Rs. 461460.53/ha) seguido de Jasmim + calêndula africana 1:2 (Rs. 454066.12/ha) enquanto o BCR máximo foi registado de Jasmim + calêndula africana 1:1 (2.46) seguido de Jasmim + calêndula francesa 1:1 (2.28). Por conseguinte, a cultura intercalar de *Jasminum sambac* L. é rentável para gerar rendimentos adicionais em comparação com o Jasmim isolado.

**Conclusão**

A presente investigação mostra a viabilidade da cultura intercalar de flores anuais em *Jasminum sambac* L. durante o primeiro ano de plantação. Não se observou qualquer efeito adverso no crescimento e no rendimento do jasmim devido às proporções de plantação de 1:1 das diferentes culturas intercalares. Em termos de desempenho com base no JEY (Jasmine Equivalent Yield), Land Equivalent Ratio (LER), bem como do ponto de vista da rentabilidade, Jasmine + calêndula francesa 1:2 foi considerado o melhor sistema de consociação, enquanto Gaillardia foi menos rentável. Assim, a partir desta investigação, pode concluir-se que a calêndula francesa é a melhor cultura intercalar com o jasmim.

Tendo em conta a rentabilidade e o seu efeito sobre a cultura principal, pode sugerir-se aos agricultores que utilizem culturas intercalares de flores anuais no jasmim, tendo simultaneamente em mente a escolha dessas culturas intercalares em função dos seus objectivos.

REFERÊNCIAS

Abd El-Gaid, M. A.; Al-Dokeshy, M. H. e Nassef, M. T. (2014). Efeitos do sistema de consórcio de tomate e feijão comum no crescimento, componentes de rendimento e relação equivalente à terra na governadoria de New Valley. *Asian J. of Crop Sci., 6*: 254-261.

Aiyer, A. K. Y. N. (1949). Mixed cropping in India. *Indian J. of Agric. Sci.,* **19**:454.

Agrawal, M. K.; Kar, D. S. e Das, A. B. (2010). Ensaio de culturas intercalares em couve-flor (*Brassica oleracea* L. var. *botrytis*) cv. Snowball-16. *Asian J. Hort.,* **6**(1): 13-15.

Anburani, A. e Vidhya Priyadharshini, H. (2011). Efeito da consociação de culturas no crescimento do mullai (*Jasminum auriculatum*). *International J. Agric. Sci.,* **7**(1): 156158.

*Andrews, D. J. e Kassam, A. S. (1976). Importance of multiple cropping in world food supplies (In) multiple cropping (Parendick, R. I. and Sanchez) Triplet (Eds.) Pub.27. *Sociedade Americana de Agronomia,* pp. 1-10.

Anjeneyulu, V. R.; Singh, S. P. e Pal, M. (1982). Efeito do período sem competição, da técnica e do padrão de plantação no crescimento e rendimento do feijão-mungo e na produtividade total no sistema de cultivo intercalar de milho-miúdo e milho-miúdo/feijão-mungo. *Indian J. Agron,* **27**(3): 219-226.

Anónimo (2005). Cultivo intercalar de flores sazonais em pomar jovem de sapota cv. Kalipatti. Relatório de Pesquisa em Horticultura e Agrofloresta. A ser apresentado na primeira reunião do Subcomité de Investigação em Horticultura e Agroflorestas da NAU. pp. 36-27.

Anónimo (2011). Avaliação de diferentes variedades de *Jasminum sambac*. Relatório de Investigação em Horticultura e Agroflorestas. A ser apresentado na sétima reunião do Subcomité de Investigação em Horticultura e Agroflorestas da NAU. pp. 206-212.

Anónimo (2014). Base de dados NHB. *www.nhb.gov.in*

Aravazhi, E.; Natarajan, S. e Thomburaj, S. (1996). Efeito de culturas intercalares no crescimento e rendimento da malagueta. *South Indian Hort.,* **44**:27-30.

Ayyer, A. J. Y. N. (1963). Principles of crop husbandry in India, Bangalore press, pp.406.

Bhattacharjee, S. K. (1980). Native jasmine of India. *Indian perfumer,* **24**(3):126-133.

Caballero, R.; Goicoechea, E. L. and Hernaiz, P. J. (1995), "Forage yields and quality of common vetch and oat sown varying seeding ratios and seeding rates of vetch", *Field Crop. Res.,* **41**: 135-140.

Chandel, S. R. S. (1991). *A handbook of Agricultural Statistics*. Western Indian Book House.

Chundawat, B. S. e Gupta, O. P. (1974). Phalsa como cultura de enchimento em mangueiras. *Haryana J. Hort. Sci.*, **3**(1-2): 94-96.

Das, S.; Chattopadhyay, P. K. e Chatterjee, R. (2008). Estudos de intercalação no pomar juvenil de tamarindo. *Indian agric.*, **52**(1-2): 57-62.

Donald, C. M. (1963). Competição entre culturas e plantas de pastagem. *Avanços em Agronomia*, **10**: 435-473.

Fukai, S. e Trenbath, B. R. (1993). Processo que determina a produtividade das culturas intercalares e o rendimento das culturas componentes. *Field Crop. Res.*, **34**: 247-271.

Gawade, M. H.; Patil, J. D. e Kakade, D. S. (2003). Estudos sobre o efeito das culturas intercalares no rendimento e nos rendimentos monetários da couve-flor. *Agric. Sci. Digest.*, **23**(1): 73-74.

Ghanbari, A.; Dahmardeh, M.; Siahsar, B. A. e Ramroudi, M. (2010). Efeito da cultura intercalar de milho (*Zea mays* L.) e feijão-frade (*Vigna unguiculata* L.) na distribuição da luz, temperatura e humidade do solo em ambiente árido. *J. Food, Agric. & Environment*, **8**(1): 102-108.

Ghosh, D.; Chattopadhyay, N.; Bandhyopadhyay, A. e Hore, J. K. (2004). Avaliação de colocasia como cultura intercalar em arecanut. *Haryana J. Hort. Sci.*, **33**(3-4): 269-271.

Ghosh, D. K. e Hore, J. K. (2011). Economia do sistema de cultivo intercalar à base de coco, influenciada pelo espaçamento e pelo tamanho do rizoma de sementes de gengibre. *Indian J. Hort.*, **68**(4): 449-452.

Ghosh, S. N. (2001). Intercropping em pomar de goiaba em área de bacia hidrográfica. *The Hort. J.*, **14**(2): 36-40.

Gill, A. S.; e Ajit (2006). Cultura intercalar de trigo com manga (*Mangifera indica* L.). *Indian J. Plantn. Crops,* **31**(2): 45-47.

Irene Vethamoni, P. e Rajavel, R. (2007). Sistemas integrados de utilização dos solos com culturas frutícolas e culturas intercalares adequadas para terrenos baldios com solo preto e solo vermelho. *South Indian Hort.*, **55**(1-6): 154-157.

Islam, M. R.; Rahman, M. T.; Hossain, M. F. e Ara, N. (2014). Viabilidade do cultivo intercalar de vegetais folhosos e legumes com brinjal. *Bangladesh J. Agric. Res.,* **39**(4): 685-692.

Islami, T.; Guritno, B. e Utomo, W. H. (2011). Desempenho de sistemas de consórcio baseados em mandioca e mudanças associadas à qualidade do solo em terras altas tropicais degradadas de Java Oriental, Indonésia. *J. Trop. Agric.,* **49**(1-2): 31-39.

Itnal, C. J.; Lingaraju, B.S.; Nagalikar, V. P. e Basavaraja, P.K. (1996). Estudos sobre o cultivo intercalar de amendoim e girassol em condições de sequeiro. *Karnataka J. Agric. Sci.,* **9**(3): 417-420.

Jackson, M. L. (1967). Soil chemical analysis. Prentice-Hall of India Pvt. Ltd., Nova Deli.

Krishna, K. M.; Prabhakar, B. N.; e Subrahmanyam, M.V.R. (201 1). Potencial de produção de feijão-caupi hortícola intercalado em sistema de cultivo à base de pinhão-manso em condições de sequeiro. *Prog. Agric.,* **11**(2): 348-351.

Kumar, H. C.; Nanjappa, H. V.; Ramchandrappa, B. K. e Hanumanthappa, D. C. (201 1). Efeito do sistema de cultivo intercalar à base de rícino no rendimento e no estado dos nutrientes pós-colheita do solo. *Mysore J. Agric. Sci.,* **45**(1): 39-41.

Lakshminarayanan, M.; Haripriya, K.; Manivannan, K. e Kamalakannan, S. (2005). Avaliação de legumes leguminosos como culturas intercalares em campos podados de jasmim *(Jasminum sambac) J. Spices and Aromatic Crops,* **14**(1): 61 -64.

Mahant, H. D. (2011). Estudos de intercalação em banana cv. 'Grand Naine' sob irrigação por gotejamento. Uma tese apresentada à Faculdade de Agricultura NAU, Navsari.

Mandal, B. K.; Sarkar, D.; Mandon, S. e Kundu, S. (2004). Sistema de cultivo intercalar baseado em amoreiras no verão. *Indian Agric.,* **48**(3-4): 207-209.

Math, G. e Halikatti, S. I. (2012). Efeito do consórcio na produtividade e no estado de nutrientes disponíveis no solo. *International J. Agric. Sci.,* **8**(1): 108-110.

Mead, R. e Willey, R. W. (1980). O conceito de "Land Equivalent Ratio" e as vantagens no rendimento das culturas intercalares. *Expt. Agric.,* **16**: 217-228.

Misra, L. P.; Sharma, D. P. e Seth, M. K. (1984). Nota sobre o efeito das práticas de gestão do solo do pomar no crescimento, rendimento e estado dos nutrientes nas folhas das maçãs Red Delicious. *Indian J. Hort.,* **41**: 37-39.

*Mithamo, M. W. (2008). Efeito do cultivo intercalar de café com árvores de fruto em factores ecofisiológicos e do solo. Mestrado (Agricultura). Uma tese apresentada à Universidade Agrícola do Quénia.

Mouneka, C. O. e Asiegbu, J. E. (1997). Efeito da densidade de plantação de quiabo e da disposição espacial em cultura intercalar com milho no crescimento e rendimento das espécies componentes. *J. Agron and Crop Sci.,* **179**: 201-207.

Munde, G. R.; Hiwale, B. G.; Nainwad, R. V. e Dheware, R. M. (201 1). Effect of intercrops on growth and yield of custard apple. *Asian J. Hort.,* **6**(1): 29-31.

Natarajan, S. (1992). Efeito da cultura intercalar na malagueta em condições semi-secas. *South Indian Hort.,* **40**: 273-276.

Nedunchezhiyan, M.; Misra, R. S. e Shivlinga Swamy, T. M. (2002). Inhame pé-de-elefante como cultura intercalar de banana e papaia. *The Orissa J. Hort.*, **30**(1): 80-82.

Nedunchezhiyan, M. (2014). Potencial de produção de especiarias intercalares no inhame pé de elefante. *Indian J. of Agronomy,* **59** (4): 596-601.

Oguntowara, O. e Norman, D. W. (1974). Modelo de otimização para avaliar a estabilidade de sistemas de cultura única e de sistemas de cultura mista em condições de recursos e níveis de tecnologia variáveis. *Boletim de Investigação Samaru*, pp.217.

Opoku,-Ameyaw, K.; Oppong, F. K.; Amoah, F. M.; Osei-Akoto, S. e Swaton, E. (201 1). Crescimento e rendimento precoce do caju intercalado com culturas alimentares no norte do Gana. *J. Trop. Agric.*, **49**(1-2): 53-57.

Ouma, G. (2009). A cultura intercalar e a sua aplicação à produção de bananas na África Oriental: A review. *J. Plant Breeding and Crop Sci.*, **1**(2): 13-15.

Pal, P. (1989). Gaillardia: In commercial flowers Naya Prakash, 206 Bidhan sarani Calcutta. Bengala Ocidental, Índia, pp. 852-853.

Panse, V. G. e Sukhatme, P. V. (1967). *Statistical methods for agricultural workers (Métodos estatísticos para trabalhadores agrícolas)*. ICAR, Nova Deli.

Prakash, S.; Arya, J. K. e Singh, O. P. (2009). Cultivo intercalar de calêndula com cana-de-açúcar para alto rendimento. *Prog. Agric.*, **9**(2): 298-300.

Prakash S.; Yadav, K. G. e Kumar, A. (2011). Estudos do sistema de consórcio baseado em cana-de-açúcar para retorno adicional no oeste de Uttar Pradesh. *International J. Agric. Sci.*, **7**(1): 77-79.

Rahangdale, S. M.; Umale, S. B.; Shrirame, A. S. e Mahoikar, V. K. (1995). Efeito das culturas intercalares no crescimento e rendimento da couve. *PKV Res. J.,* **19**: 196-197.

Rahman, M. Z.; Rahman, H. H.; Haque, M. E.; Kabir, M. H.; Naher, S. L.; Ferdaus, K. M. K. B.; Nazmul Huda, A. K. M.; Imran, M. S. e Khalekuzzaman, M. (2006). Sistema de culturas intercalares à base de banana na parte noroeste do Bangladesh. *J. Agron.*, **5**(2): 228-231.

Rathika, S. (2013). Efeito da geometria da cultura, da consociação e das práticas de cobertura no rendimento, na absorção de nutrientes e no estado de fertilidade do solo do milho bebé (*Zea mays* L.). *International J. Agric. Sci.*, **9**(2): 583-587.

Rao, M. R. e Willey, R. W. (1980). Estudos preliminares de combinações de culturas intercalares à base de feijão bóer ou sorgo. *Agricultura Experimental*, **16**: 29-39.

Ray, A. K.; Borah, A. S.; Maheswarappa, H. P. e Acharya, G. C. (2007). Economia da consorciação de legumes e culturas de floração em jardins de arecanut em pré-crescimento nas condições de Assam. *J. Plantation Crops*, **35**(2): 84-87.

Sarma, R.; Prasad, S.; Mohan, N. K. e Medhi, G. (1996). Economic feasibility of growing some root and tuber crops under intercropping system in coconut garden. *The Hort. J.,* **9**(2): 167-170.

Sharma, N. K. e Tiwari, R. S. (1996). Efeito da sombra na produção e nos caracteres que contribuem para a produção do tomate cv. Pusa Ruby. *Recent Hort.,* **3**: 89-92.

Shrestha, Surendra Lal (2012). Seleção de variedades de tomate para cultivo intercalar em novos pomares de manga para rendimento económico no Terai Central do Nepal. *Sonsik J.,* **4**: 35-38.

Singh, H. (1985). Estudos sobre a cultura intercalar de colza em Haryana. Mestrado em Horticultura. Uma tese apresentada à Universidade Agrícola de Haryana, Hisar.

Singh K. M. P. e Singh D. (2014). Desempenho dos coentros, do feno-grego e da soja como culturas intercalares no sistema de culturas intercalares à base de gladíolos. *J. Agri. Search,* **1**(4): 246-250.

Singh, S. e Datta, S. K. (2006). Cultivo intercalar de calêndula francesa *(Tagetes patula* L.) em gladíolo. *J. Ornm. Hort.,* **9**(1): 37-39.

Singh, S. S.; Singh A. K. e Sundaram, P. K. (2014). Opções agro-tecnológicas para aumentar a produtividade agrícola nas planícies do leste indo-gangéticas em situações de mudanças climáticas iminentes: A review. *J. of Agrisearch,* **1**(2): 55-65.

Subbiah, K. e Asija, G. L. (1956). Procedimento rápido para estimar o azoto disponível no solo. *Ciência atual,* **25**: 259-260

Thankamani, C. K.; Kandiannan, K.; Madan, M. S. e Raju, V. K. (2011). Diversificação de culturas em jardins de pimenta preta com tubérculos e culturas forrageiras. *J. plantn. Crops,* **39**(3): 358-362.

Tija, B. e S. A. Rose. (1988). Plantas de cama tolerantes ao sal. *Actas da Sociedade de Horticultura da Florida,* **100**: 181182.

*Varghese, L. T.; Umale, S. B. e Kawthalkar, M. P. (1990). Effect of intercropping on growth and yield of cabbage. *South Indian Hort.,* **38**: 196-198.

Willey, R. W. e Orisu D. S. O. (1972). Estudos sobre misturas de milho e feijão *(Phaseolus vulgaris* L.) com particular referência à população de plantas. *J. Agric. Sci.,* (Camb.), **79**: 519-529.

Willey, R.W. (1979). Intercropping, sua importância e trabalho de investigação, parte I. Competição e vantagens de rendimento. *Resumo de culturas de campo,* **32**(1): 1-10.

* Original não visto

## APÊNDICE-I Dados meteorológicos registados durante o ano novembro de 2014 outubro de 2015

| Mês e ano | Semana normal N.º. | Tempe (°!) Máximo. | ratura C) Min. | R.H. (%) Mais. | Mesmo. | Precipitação (mm) | Evaporação (mm) |
|---|---|---|---|---|---|---|---|
| novembro de 2014 | 45 | 34.1 | 18.8 | 75.4 | 36.2 | 0.0 | 4.5 |
| | 46 | 32.7 | 22.7 | 89.5 | 42.3 | 0.0 | 3.4 |
| | 47 | 33.2 | 18.9 | 80.2 | 38.2 | 0.0 | 3.6 |
| | 48 | 33.0 | 15.5 | 90.0 | 58.2 | 0.0 | 3.3 |
| dezembro de 2014 | 49 | 32.6 | 15.7 | 82.4 | 43.1 | 0.0 | 3.7 |
| | 50 | 30.2 | 14.0 | 83.2 | 32.9 | 0.0 | 3.1 |
| | 51 | 29.3 | 13.2 | 69.4 | 37.0 | 0.0 | 3.2 |
| | 52 | 29.0 | 13.0 | 81.9 | 47.9 | 0.0 | 3.2 |
| janeiro de 2015 | 1 | 28.1 | 13.9 | 85.6 | 38.4 | 0.0 | 2.9 |
| | 2 | 30.1 | 9.8 | 72.1 | 32.4 | 0.0 | 3.3 |
| | 3 | 29.6 | 12.7 | 82.4 | 33.2 | 0.0 | 3.1 |
| | 4 | 28.0 | 14.5 | 83.0 | 45.9 | 0.0 | 3.1 |
| | 5 | 29.8 | 14.0 | 78.4 | 36.6 | 0.0 | 3.8 |
| fevereiro de 2015 | 6 | 32.0 | 14.9 | 85.1 | 37.1 | 0.0 | 4.6 |
| | 7 | 32.4 | 13.8 | 86.2 | 40.5 | 0.0 | 4.6 |
| | 8 | 34.4 | 16.1 | 90.5 | 37.9 | 0.0 | 4.7 |
| | 9 | 23.7 | 12.9 | 75.0 | 44.6 | 6.0 | 4.0 |
| março de 2015 | 10 | 32.7 | 15.2 | 81.5 | 41.6 | 0.0 | 4.9 |
| | 11 | 32.5 | 18.5 | 84.9 | 48.9 | 4.0 | 5.7 |
| | 12 | 33.1 | 19.0 | 82.8 | 39.5 | 0.0 | 5.7 |
| | 13 | 35.3 | 21.5 | 90.1 | 44.3 | 0.0 | 5.7 |
| abril de 2015 | 14 | 32.2 | 21.2 | 87.2 | 55.2 | 0.0 | 5.4 |
| | 15 | 30.5 | 22.2 | 89.1 | 54.0 | 0.5 | 5.4 |
| | 16 | 36.7 | 23.8 | 87.4 | 46.0 | 0.0 | 5.7 |
| | 17 | 33.5 | 24.4 | 87.5 | 59.1 | 0.0 | 5.4 |
| | 18 | 34.7 | 24.2 | 85.6 | 61.0 | 0.0 | 5.7 |
| maio de 2015 | 19 | 36.4 | 25.3 | 84.7 | 47.1 | 0.0 | 6.1 |
| | 20 | 35.5 | 26.6 | 82.7 | 56.8 | 0.0 | 6.5 |
| | 21 | 33.9 | 28.4 | 78.8 | 63.7 | 0.0 | 6.6 |
| | 22 | 33.5 | 28.0 | 80.5 | 63.1 | 0.0 | 6.7 |
| junho de 2015 | 23 | 34.5 | 25.7 | 84.5 | 62.2 | 21.0 | 5.2 |
| | 24 | 30.1 | 24.0 | 93.3 | 81.4 | 182.5 | 3.6 |
| | 25 | 31.4 | 25.3 | 87.9 | 78.8 | 149.0 | 3.0 |
| | 26 | 31.3 | 27.2 | 88.0 | 86.4 | 27.0 | 7.6 |
| julho de 2015 | 27 | 31.9 | 27.4 | 81.9 | 72.7 | 2.0 | 5.5 |
| | 28 | 31.8 | 26.9 | 85.3 | 75.5 | 6.5 | 4.5 |
| | 29 | 30.9 | 26.0 | 90.5 | 81.0 | 70.0 | 3.9 |
| | 30 | 28.6 | 24.4 | 92.5 | 86.2 | 238.5 | 2.6 |

| | | | | | | |
|---|---|---|---|---|---|---|
| | 31 | 30.0 | 26.4 | 86.1 | 77.9 | 4.2 | 3.9 |
| agosto de 2015 | 32 | 30.4 | 25.1 | 93.8 | 74.2 | 9.8 | 3.4 |
| | 33 | 30.3 | 25.3 | 92.9 | 75.4 | 49.0 | 3.2 |
| | 34 | 30.9 | 25.4 | 85.6 | 71.3 | 5.0 | 3.8 |
| | 35 | 31.4 | 24.6 | 90.8 | 69.1 | 7.0 | 4.2 |
| setembro de 2015 | 36 | 32.4 | 23.2 | 86.6 | 58.9 | 0.0 | 4.0 |
| | 37 | 31.2 | 23.5 | 95.0 | 74.0 | 106.0 | 3.2 |
| | 38 | 28.5 | 24.0 | 94.7 | 87.3 | 328.0 | 2.0 |
| | 39 | 32.0 | 22.7 | 91.7 | 56.0 | 0.0 | 3.6 |
| outubro de 2015 | 40 | 35.1 | 24.6 | 89.0 | 50.5 | 0.0 | 4.6 |
| | 41 | 34.7 | 24.1 | 92.3 | 57.7 | 3.0 | 4.2 |
| | 42 | 37.5 | 22.6 | 84.9 | 34.6 | 0.0 | 3.2 |
| | 43 | 35.5 | 22.2 | 86.2 | 43.5 | 0.0 | 4.6 |
| | 44 | 34.1 | 20.7 | 77.0 | 43.8 | 0.0 | 4.5 |

# APÊNDICE-II

| N.º Sr. | Particularidades | Custo (Rs.) |
|---|---|---|
| Taxas utilizadas para o cultivo e os factores de produção | | |
| 1. | Lavoura (Rs. por hora) | 300.0 |
| 2. | Grade de discos (Rs. por hora) | 300.0 |
| 3. | Construção de canais e parcelas (Rs. por hora) | 300.0 |
| 4. | Custos de mão de obra para práticas culturais de rotina (Rs. por dia) | 150.0 |
| 5. | Pendimetalina (Rs. por litro) | 293.5 |
| 6. | Encargos de irrigação (Rs. por irrigação) | 600.0 |
| 7. | Custo dos fertilizantes<br>FYM (Rs. por tonelada)<br>Ureia (Rs. por 50kg)<br><br>SSP (Rs. por 50kg)<br>MOP (Rs. por 50kg) | <br>500.0<br>313.0<br>351.0<br>843.0 |

| Preço de venda dos produtos | |
|---|---|
| Jasmim | 70 Rs./kg |
| Calêndula africana | 35 Rs./kg |
| Calêndula francesa | 40 Rs./kg |
| Gaillardia | 30 Rs./kg |

| N.º Sr. | Particularidades | Custo (Rs/ha) |
|---|---|---|
| [A] Custo fixo | | |
| 1. | Preparação do terreno (lavoura e gradagem de discos) | 3600.0 |
| 2. | Construção de parcelas e canal de irrigação | 300.0 |
| 3. | Escavação de poços | 1728.57 |
| 4. | Monda | 2266.0 |
| **5.** | **Total** | **7894.57** |

## [B] Custo variável

| Sr. Não. | Tratamentos | Material de plantação (Rs.) | | Custo de plantação (Rs.) | | Irrigação (Rs.) | Fertilizante (Rs.) | | Colheita (Rs.) | | Custo (Rs./ha) |
|---|---|---|---|---|---|---|---|---|---|---|---|
| | | Jasmim | Culturas intercalares | Primeira época (cultura principal + cultura intercalar) | Segunda época (culturas intercalares) | | Jasmim | Culturas intercalares | Jasmim | Culturas intercalares | |
| 1. | Ti | 7936.50 | 55340.9 | 2250 | 1500 | 11400 | 17803.95 | 15974.38 | 15000 | 9250.0 | 136455.7 |
| 2. | T$_2$ | 7936.50 | 102774.9 | 3750 | 3000 | 11400 | 17803.95 | 28713.95 | 13500 | 14510.0 | 203389.3 |
| 3. | T$_3$ | 7936.50 | 59828.0 | 2750 | 2000 | 9600 | 17803.95 | 15974.38 | 15900 | 7440.0 | 139232.8 |
| 4. | T$_4$ | 7936.50 | 111110.0 | 4750 | 4000 | 9600 | 17803.95 | 28714.43 | 14700 | 12730.0 | 211344.9 |
| 5. | T$_5$ | 7936.50 | 59828.0 | 2750 | 2000 | 11400 | 17803.95 | 13850.51 | 13800 | 8230.0 | 137599.0 |
| 6. | T$_6$ | 7936.50 | 111110.0 | 4750 | 4000 | 11400 | 17803.95 | 25722.58 | 12600 | 12810.0 | 208133.0 |
| 7. | T$_7$ | 7936.50 | 0.0 | 4500 | 0 | 9600 | 17803.95 | - | 16800 | 0.0 | 56640.45 |

# I want morebooks!

Buy your books fast and straightforward online - at one of world's fastest growing online book stores! Environmentally sound due to Print-on-Demand technologies.

Buy your books online at
**www.morebooks.shop**

Compre os seus livros mais rápido e diretamente na internet, em uma das livrarias on-line com o maior crescimento no mundo! Produção que protege o meio ambiente através das tecnologias de impressão sob demanda.

Compre os seus livros on-line em
**www.morebooks.shop**

Printed by Books on Demand GmbH, Norderstedt / Germany